生物遗传资源获取与惠益分享协议研究

赵富伟 著

科学出版社

北京

内 容 简 介

本书详尽考察了联合国粮食及农业组织、世界卫生组织、世界知识产权组织有关生物遗传资源获取与惠益分享的协议范本，并重点对南非、埃塞俄比亚、美国等的生物遗传资源获取与惠益分享制度进行了研究，分析这些国家在生物遗传资源获取与惠益分享协议制度上的立法和实践，总结出了可资借鉴的经验。同时，分析了我国生物遗传资源获取与惠益分享相关协议存在的不足，初步构建了完善我国生物遗传资源获取与惠益分享协议制度的方案，具有一定参考价值。

本书主要面向生物遗传资源相关科研人员、管理人员、高等院校师生以及相关行业读者，旨在促进生物遗传资源保护的深入研究，引起社会对生物遗传资源保护工作的重视。

图书在版编目(CIP)数据

生物遗传资源获取与惠益分享协议研究/赵富伟著. —北京：科学出版社，
2021.4

ISBN 978-7-03-067456-2

Ⅰ. ①生… Ⅱ. ①赵… Ⅲ. ①生物资源-种质资源-研究 Ⅳ. ①Q-9

中国版本图书馆 CIP 数据核字（2020）第 256842 号

责任编辑：辛 桐 / 责任校对：赵丽杰
责任印制：吕春珉 / 封面设计：东方人华平面设计部

科 学 出 版 社 出版
北京东黄城根北街 16 号
邮政编码：100717
http://www.sciencep.com
北京九州迅驰传媒文化有限公司 印刷
科学出版社发行　　各地新华书店经销

*

2021 年 4 月第 一 版　　开本：B5（720×1000）
2021 年 4 月第一次印刷　　印张：9 3/4
字数：181 000

定价：68.00 元

（如有印装质量问题，我社负责调换〈九州迅驰〉）

销售部电话 010-62136230　编辑部电话 010-62130750

序　一

生物遗传资源是国家重要战略资源，为保持国家竞争力和高质量发展提供了重要物质保障。联合国《生物多样性公约》把"公平公正分享由利用遗传资源而产生的惠益"作为三大目标之一，明确了国家拥有生物遗传资源的主权权利、事先知情同意、共同商定条件下公平分享惠益等国际原则。简而言之，"共同商定条件"即为生物遗传资源提供者和使用者达成的关于资源获取、利用和惠益分享等的合同安排。《生物多样性公约》项下的《名古屋议定书》对遵守"共同商定条件"和"示范合同条款"进行了更进一步的规定，突显了生物遗传资源获取与惠益分享协议在生物遗传资源获取与惠益分享监管制度中的重要价值。

我国是一个生物多样性大国，生物遗传资源极其丰富。当前，国家有关主管部门正在开展生物遗传资源获取与惠益分享专门法规的立法工作。关键制度的建立非一朝一夕之功所能完成，需要大量基础性、创见性的深入研究作为立法支撑。从公开的立法草案来看，生物遗传资源获取与惠益分享协议是其核心内容之一。学界已有关于生物遗传资源获取与惠益分享协议的专门研究，为立法工作提供了重要的参考。但总体而言，这方面的研究还有待进一步加强和深入。

在此背景下，赵富伟博士出版的这本书相当及时。赵富伟博士长期从事生物遗传资源管理和法制方面的研究和实务工作，是该领域知名青年学者。他不甘平庸，一直潜心关注生物遗传资源获取与惠益分享协议，经过数年默默耕耘，终于推出这本厚重之作。该书从生物遗传资源相关国际法实践着手，系统分析了《生物多样性公约》等相关国际法对生物遗传资源获取与惠益分享协议的制度要求和履约实践，借鉴了生物多样性丰富国家、新兴经济体国家、生物技术发达国家的立法和制度实践，同时剖析了我国生物遗传资源领域相关协议存在的问题，系统提出了我国生物遗传资源获取与惠益分享协议制度的完善建议。

本书付梓，相信能够将生物遗传资源获取与惠益分享的研究引向深入，为学界持续开展生物遗传资源获取与惠益分享的研究提供独特的视角，也能够为相关管理工作和法制进步做出重要的支撑。

作为多年的同事，看到赵富伟博士在科研道路上不断取得各种进步，为他高兴，也向他学习。

秦天宝

武汉大学法学院教授

武汉大学环境法研究所所长

2020 年 7 月

序　二

　　作为一种重要的非传统资源，生物遗传资源是人类文明赖以存续和发展的物质基础之一，在现代农业、医药、化工、环境保护等领域发挥着无可替代的作用，因而也成为一项关乎国家生物安全的重要的战略资源。谁拥有丰富的生物遗传资源并掌握其利用技术，谁就在一定程度上掌握了在如今这个生物技术的世纪实现可持续发展的主导权。在 2020 年中央全面深化改革委员会第十二次会议上，习近平强调，要从保护人民健康、保障国家安全、维护国家长治久安的高度，把生物安全纳入国家安全体系。生物遗传资源安全作为生物安全的重要组成部分，其重要性不言而喻；科学的生物遗传资源管理，特别是公平公正的生物遗传资源获取和惠益分享机制，不仅关涉国家生物安全保障，也是更好地保护和可持续利用生物遗传资源的重要基础。

　　然而，各国在生物遗传资源赋存与研发应用能力上的不均衡，已经发展成为一个越来越显见而棘手的问题。一些发达国家经常基于其在经济、技术等方面的强大优势，以较小的代价从发展中国家获取大量生物遗传资源进行商业开发并获得高额利润，但作为资源提供者的发展中国家在这一过程中却难以获得公平合理的惠益分享。国际社会早在几十年前就开始关注"生物海盗"问题，联合国在《生物多样性公约》中明确规定，生物遗传资源的获取应以提供国的事先同意为前提，要求公平合理地分享因利用遗传资源所产生的惠益。在此框架下，公约缔约方于2010 年达成了《生物多样性公约关于获取遗传资源和公正和公平分享其利用所产生惠益的名古屋议定书》，由此形成了关于生物遗传资源获取与惠益分享的基本的国际法框架。

　　我国是一个生物遗传资源大国，同时也是生物遗传资源流失和丧失最为严重的国家之一。作为上述公约和议定书的缔约方，我国在几十年间为解决这一问题付出了诸多方面的努力，但依然面临生物遗传资源专门立法阙如、监管能力不足、特别是获取与惠益分享机制不健全等问题，这就迫切地要求对生物遗传资源获取与惠益分享机制展开深入研究。

　　赵富伟研究员的这一论著，很好地回应了生物遗传资源管理实践对学术研究的迫切需求。论著撷他石以攻玉，从国际法和比较法的层面梳理了生物遗传资源获取与惠益分享的国际法实践与典型国家的案例，并在此基础上为我国生物遗传资源获取与惠益分享机制提出了建议，形成了既符合我国国情，又与国际成熟实践相呼应的具有高度可操作性的解决方案，不仅提出了惠益分享协议的范本，而且提供了这些范本的适用指南，对我国目前正在开展的生物遗传资源立法和管理工作具有重要学术支撑作用。在我看来，这部倾注了赵富伟研究员多年心血的论著，也是这些年来他在此方面专门研究的一个精彩而全面的总结。由衷地为他高兴！

　　与赵富伟研究员相识和共事的十余年间，每次与他交流和探讨，都是一次对知识资源的"获取与惠益分享"，这些年来深感获益颇丰。这部著作的诞生，使更多的读者能够获取和分享他的真知灼见，这更加令人高兴。因此，我与各位读者一样，热切地期待本书付梓！

于文轩

中国政法大学环境资源法研究所所长

中国法学会环境资源法学研究会副会长

2020 年 6 月

生物遗传资源（biology genetic resource）是经济社会可持续发展的战略资源，也是现代生物产业发展的基础，具有巨大的科研价值和商业开发价值。由于各国生物遗传资源禀赋存在差异，且缺乏公平和公正地获取与惠益分享的国际制度，长期以来生物遗传资源被非正当地、不公平地获取和跨界转移利用，严重损害了生物遗传资源提供国的权益。1993 年生效的《生物多样性公约》（*Convention on Biological Diversity*，CBD）确立了各国对其自然资源拥有主权，提出了保护生物多样性、可持续利用其组成部分、公平公正地分享因利用遗传资源产生的惠益三大目标。

为落实《生物多样性公约》的第三大目标，国际社会经过多年艰苦谈判，于2010 年《生物多样性公约》缔约方大会第十次会议通过了《生物多样性公约关于获取遗传资源和公正和公平分享其利用所产生惠益的名古屋议定书》（*Nagoya Protocol on Access to Genetic Resources and the Fair and Equitable Sharing of Benefits Arising from Their Utilization to the Convention on Biological Diversity*，以下简称《名古屋议定书》），建立了生物遗传资源获取与惠益分享国际制度。《名古屋议定书》重申各国对其自然资源享有主权权利，规定能否获取生物遗传资源取决于各缔约方政府，获取生物遗传资源须经原产国或已经遵照《生物多样性公约》要求取得生物遗传资源提供国的事先知情同意，并在共同商定条件下，公平分享利用生物遗传资源产生的惠益。《名古屋议定书》适用于生物遗传资源、生物遗传资源相关传统知识和衍生物。《名古屋议定书》赋予各缔约方多项权利和义务，如：加强国内获取与惠益分享立法和执法；设置检查点，建立国际公认证书制度，监测生物遗传资源的跨境转移和利用；设立获取与惠益分享国家联络点和主管部门；建立信息交换机制，收集和发布相关信息；制定紧急情况下的获取程序；开展跨境合作；等等。其中，《名古屋议定书》相关条款要求缔约方采取立法、行政和政策措施，落实"共同商定条件"原则，特别是制订部门和跨部门的"示范合同条款"，指导生物遗传资源的获取与惠益分享活动，便利使用者和提供者达成符合《名古屋议定书》和缔约方国内立法的获取与惠益分享协议。

除《生物多样性公约》和《名古屋议定书》以外，在粮食和农业植物、大流行性流感病毒等生物遗传资源领域，相关国际组织先后发布了特定领域的生物遗传资源获取与惠益分享协议范本，明确了特定生物遗传资源的获取与惠益分享协议权利义务要素。由于生物遗传资源获取与惠益分享协议所涵盖的权利义务涉及知识产权权利，世界知识产权组织专门制定发布《关于遗传资源获取与惠益分享协议知识产权条款的工作原则》和《获取与惠益分享协议知识产权问题指南》，引导提供者和使用者在协议中对知识产权的申请权、所有权、使用许可、维护和实施等进行充分协商并明确约定。一些生物遗传资源比较丰富的国家纷纷结合国内立法，发布实施本国生物遗传资源获取与惠益分享协议，积累了众多而且良好的实践经验。我国正在推进生物遗传资源获取与惠益分享专门立法，尚未发布实施生物遗传资源获取与惠益分享协议。因此，纵观我国现有生物遗传资源采集、交换、保藏、科学研究等协议范本，相关条文和权利义务设置在深度和广度上均与《生物多样性公约》和《名古屋议定书》的要求相去甚远，也不及其他国家生物遗传资源保护措施的完备。

本书系统剖析了《生物多样性公约》、联合国粮食及农业组织、世界卫生组织、世界知识产权组织等有关生物遗传资源获取与惠益分享协议的国家法条文和范本条文，通过比较分析南非、埃塞俄比亚、美国等的生物遗传资源获取与惠益分享协议实践，归纳总结了生物遗传资源获取与惠益分享协议制定与实施的共性经验，进而提出我国生物遗传资源获取与惠益分享协议制度构建的原则与框架。期望能够为立法者制定协议范本、生物遗传资源使用者和提供者商定协议提供参考，将生物遗传资源获取与惠益分享引向深入。

本书之所以能够顺利成稿，受益于生态环境部生物多样性保护重大工程、生态环境部对外合作与交流中心"建立和实施遗传资源及其相关传统知识获取与惠益分享国家框架"等项目的支持。武汉大学秦天宝教授、中国政法大学于文轩教授和尹志强教授、北京大学刘银良教授、中国社会科学院管育鹰研究员等与笔者亦师亦友，给予笔者良多指点和鼓励，使笔者这个门外汉能够初窥法学殿堂门楣，在此一并致谢。

囿于个人学识见识，本书难免有所不足，望读者多多包涵，不吝赐教。

目　录

第一章　生物遗传资源获取与惠益分享协议的由来

所谓"生物遗传资源"，是指具有实际或者潜在价值的来自植物、动物、微生物或者其他来源的生物遗传材料。生物遗传资源有别于人体组织、器官、细胞、染色体、基因等含有遗传功能单位的人类遗传资源。生物遗传资源是生物多样性的重要组成部分，是生物产业可持续发展的物质基础，是维护国家资源安全、生态安全和科技安全的重要战略保障。

第一节　《生物多样性公约》"共同商定条件"

从全球来看，生物遗传资源和生物技术分布具有地理不均衡性的特点。总体而言，生物遗传资源往往集中分布在生物技术相对落后的发展中国家，而生物技术往往聚集在生物遗传资源相对匮乏的发达国家。由于各个国家在生物遗传资源和生物技术上巨大的禀赋差异，生物技术发达国家的产业发展主要依赖于发展中国家的生物遗传资源。长期以来，发达国家跨国公司、科研机构和个人为了获取和利用发展中国家的生物遗传资源，开展了大量的生物勘探（bio-prospecting）活动。在此基础上，进一步投入资金进行研究，开发出药物、保健品和个人护理用品等生物产品及其相关创新技术。发达国家跨国公司、科研机构和个人借助知识产权保护体系，特别是专利制度，占领生物产业关键技术优势，甚至垄断相关产品和技术市场，创造了巨额的商业利益。另外，由于包括生物遗传资源在内的自然资源长期被视为"人类共同财产"（common property of humanity）、"人类共同遗产"（common heritage of humanity）或者"无主物"（bona vacantia），其获取、跨境转移和利用不需要征得生物遗传资源提供国的事先同意，国际上长期缺乏公平公正分享因生物遗传资源利用所产生惠益的国际制度。

早在 20 世纪 80 年代末，如何平衡生物遗传资源利用所产生的惠益，就引起了发达国家和发展中国家的关注。1992 年 6 月 1 日，联合国环境规划署发起的政府间委员会通过谈判，达成了《生物多样性公约》，并于随后召开的联合国环境与发展大会上开放签署。1993 年 12 月 29 日，《生物多样性公约》生效，目前已经有 196 个缔约方。《生物多样性公约》进一步明确了各个国家对其生物遗传资源拥有主权权利，能否取得生物遗传资源的决定权属于国家政府，并依照国家法律行使①。《生物多样性公约》还规定，生物遗传资源的获取须要得到资源提供国的"事先知情同意"（prior informed consent，PIC），同时按照"共同商定条件"（mutually agreed terms，MATs）分享研究和开发资源所产生的成果和商业以及其他方面利用所得利益②。

《生物多样性公约》文本虽然没有专门规定"共同商定条件"的明确定义和范围，但在其第 15 条（遗传资源的取得）、第 16 条（技术的取得和转让）、第 18 条（技术和科学合作）、第 19 条（生物技术的处理及其惠益的分配）的相关规定中，《生物多样性公约》对"共同商定条件"进行了概括规定。按照第 15 条第 4 款和第 7 款的规定，"共同商定条件"包括获取的标的物即生物遗传资源、获取条件、获取的目的（研究、商业开发和其他利用）、预期共享的利益等。第 16 条第 1 至 3 款表明，"共同商定条件"还包括生物遗传资源利用技术（含生物技术）、减让和优惠转让技术的条件、知识产权安排等。第 18 条第 4 款和第 5 款规定了使用者和提供者可以采取科技合作的方式开发和利用生物遗传资源及其相关技术，如设立联合研究项目和联合企业等。第 19 条第 2 款规定，发展中国家可以"优先取得基于其提供资源的生物技术所产生的成果和惠益"，进一步将"共同商定条件"扩展到生物遗传资源的研究成果所产生的惠益。由此，不难发现"共同商定条件"作为当事人（提供者和使用者）之间的协议，其标的物既包括生物遗传资源，也包括生物遗传资源相关使用技术，还包括生物遗传资源及其相关技术的研究成果。"共同商定条件"至少需要涉及诸如获取目的、预期利益、优惠转让、知识产权、合作事项等必要的条件，即当事人的权利义务安排。这也正是《生物多样性公约》建构的生物遗传资源获取与惠益分享协议基本框架。

第二节　《波恩准则》的材料转让协议

2002 年，《生物多样性公约》缔约方大会制定了《关于获取遗传资源和公正公平分享通过其利用所产生惠益的波恩准则》（*Bonn Guidelines on Access to Genetic Resources and Fair and Equitable Sharing of the Benefits Arising out of their Utilization*，以下简称《波恩准则》），进一步为各个缔约方制订具体可行的生物遗传资源获取与惠益分享协议提供了一系列指导。《波恩准则》是《生物多样性公约》有关生物遗传资源获取与惠益分享的国际软法，具有自愿性特点。除了为各国制定获取与惠益分享立法、行政或政策提供指导外，也能够为生物遗传资源的使用

---

① 《生物多样性公约》第 15 条第 1 款。
② 《生物多样性公约》第 15 条第 4、5、7 款。

者和提供者拟订生物遗传资源获取与惠益分享协议提供参考。

《波恩准则》认为"共同商定条件"能够"保证公正和公平地分享惠益"，提出"共同商定条件"的基本原则、典型共同商定条件的指示性清单、惠益分享安排等，同时在其"附录"中列举了"材料转让协议"的基本内容和惠益类型。

对于"共同商定条件"的基本原则，当事人需要考虑其在法律上的确定性和清晰性，减少交易成本如采用标准化的材料转让协议，明确界定当事人权利义务，分类制定示范协议如生物分类、收藏、科研和商业开发等，高效合理地完成谈判，以及以书面形式阐明共同商定条件。另外，当事人的"共同商定条件"不应忽视生物遗传资源相关宗教、社会、文化习俗的保护和传承，以及知识产权合理安排。

按照《波恩准则》提供的"典型共同商定条件指示性清单"，当事人可以在生物遗传资源获取与惠益分享协议中约定生物遗传资源的类型、数量、采集地和用途，承认起源国的主权，提出各方的能力建设需求、改变用途或者第三方转让的限制性条件、尊重传统文化习俗的具体措施、信息保密要求以及惠益分享安排。

《波恩准则》为当事人提供了一份开放性的惠益清单，包括货币惠益和非货币惠益两种形式。货币惠益将以货币形式支付，包含获取费、采集费、首期付费、阶段性付费、使用费、商业许可费等。非货币惠益则包括成果共享、共同开发、保藏设施和数据库共享、减免或者优惠转让知识和技术、提供能力培训等。针对不同的惠益形式，当事人应当平衡兼顾近期、中期和长期惠益，并在生物遗传资源获取与惠益分享协议中明确约定惠益分享的具体时间表。由于各国法律的具体规定不同，而且利益相关者诉求不同，惠益分享安排可以视具体情况而定，可以分享科研合作或者商业产品所得惠益。

《波恩准则》特别提出了材料转让协议的基本框架，包括"介绍性条款"、"获取与惠益分享条款"和"法律条款"三个部分，共计24条。在"介绍性条款"中，当事人可以在序言中援引《生物多样性公约》，明确协议的目标，以及明确提供者和使用者的法律地位。"获取与惠益分享条款"主要说明协议标的物、用途、惠益分享安排、变更用途和转让标的物的条件、知识产权申请条件以及必要的术语定义等。"法律条款"主要约定当事人守约义务、协议有效期限、协议终止条件、条款独立可执行性、赔偿责任、争端解决、权利义务让渡、保密义务和免责等条文。

值得注意的是，生物遗传资源使用者在获取、利用和惠益分享活动开展之前，应当向提供国主管部门事先履行必要的审批程序，同时提供生物遗传资源类型、数量、用途、惠益分享安排等信息。尽管《波恩准则》没有要求使用者和提供者将生物遗传资源获取与惠益分享协议作为必要的审批材料予以提交，但这些信息通常都包含在生物遗传资源获取与惠益分享协议之中。使用者和提供者往往将生物遗传资源获取与惠益分享协议作为审批材料，提供给主管部门。

第三节　《名古屋议定书》对"共同商定条件"发展的影响

　　2010 年，《生物多样性公约》缔约方大会通过了《名古屋议定书》。与《波恩准则》的自愿性相比，《名古屋议定书》对其缔约方具有法律约束性，其有关"共同商定条件"的规定需要各个缔约方政府制定国内立法予以执行。

　　《名古屋议定书》对"共同商定条件"进行了较为全面的规定，随着各个国家立法逐步完善，"共同商定条件"将从《生物多样性公约》有关生物遗传资源获取与惠益分享的一项基本原则，转变为国内法的基本制度。

　　《名古屋议定书》第 5 条规定了生物遗传资源和传统知识（traditional knowledge）的惠益分享应当以"共同商定条件"为依据。其中，生物遗传资源惠益分享的"共同商定条件"由"提供生物遗传资源的缔约方"[①]或者"土著和地方社区"[②]（indigenous and local communities，ILCs）和使用资源的缔约方依照提供国的法律具体商定，而传统知识惠益分享的"共同商定条件"则由持有传统知识的土著和地方社区与知识使用方具体商定。

　　《名古屋议定书》规定"共同商定条件""应以书面形式拟定"，至少应该包含争端解决、惠益分享条件（含知识产权）、第三方转让条件、用途改变条件、生物遗传资源利用的报告措施等条文[③]。争端解决是确保"共同商定条件"得到切实履行的必要措施。第 18 条专门规定了争端解决条款应涵盖的内容，即管辖权、适用的法律以及争端解决的途径如诉讼、调解或者仲裁。由于"共同商定条件"往往涉及不同国家的主体，争端解决条款还应考虑各国之间"相互承认和执行外国判决和仲裁裁决的机制"。

　　对于制定"共同商定条件"的程序，《名古屋议定书》也提出了较为明确的要求。国家主管部门负责对谈判达成"共同商定条件"的程序和具体要求作出规定，而这些信息应该经国家联络点在生物遗传资源获取与惠益分享信息交换所发布[④]。第 19 条要求缔约方政府制定、更新、使用部门和跨部门"示范合同条款"，指导使用者和提供者达成书面"共同商定条件"。值得关注的是，国家主管部门签发的"获取许可证书或者等同文件"[⑤]和"国际公认遵约证书"[⑥]是使用者和提供者达成"共同商定条件"的合法证明。这就意味着生物遗传资源的使用者和提供者需要在

---

　　① 依据《名古屋议定书》第 5 条第 1 款，"提供生物遗传资源的缔约方"包括生物遗传资源原产国或者根据《生物多样性公约》规定获得生物遗传资源的缔约方。

　　② 《名古屋议定书》第 7 条。

　　③ 《名古屋议定书》第 6 条第 3 款（g）项和第 17 条第 1 款（b）项。

　　④ 《名古屋议定书》第 12 条第 3 款、第 13 条第 2 款和第 14 条第 3 款。

　　⑤ 《名古屋议定书》第 6 条第 3 款（e）项。

　　⑥ 《名古屋议定书》第 17 条第 2 款和第 3 款。

国家主管部门审批之前谈判达成"共同商定条件",甚至需要将生物遗传资源获取与惠益分享协议提交国家主管部门审批。

即使作为使用国一方,也需要在本国采取措施,督促本国使用者在获取和利用生物遗传资源和传统知识时事先订立"共同商定条件",同时对违法违规行为依法查处[①]。

《名古屋议定书》建立履约报告机制和遵约委员会,定期对"共同商定条件"和"示范合同条款"的订立和执行情况进行评估和审查[②]。此外,针对相关主体缺乏谈判能力的现状,《名古屋议定书》要求缔约方政府加强对"共同商定条件"谈判能力的培训[③]。

在《名古屋议定书》的谈判过程中,美国等缔约方有关通过私法合同处理获取与惠益分享问题的主张,受到发展中国家的普遍反对和抨击。然而,《名古屋议定书》所规定的"共同商定条件"实质上正是提供者和使用者双方达成的民事合意即"合同"。由此看来,发展中国家坚持的是政府监管下的私法合同,而非完全的由提供者和使用者自由达成的民事合意。换言之,生物遗传资源获取与惠益分享协议是国家行政强制力和普通商事合同的有机综合体。

[①]　《名古屋议定书》第15条和第16条。
[②]　《名古屋议定书》第18条第4款和第19条第2款。
[③]　《名古屋议定书》第22条第4款。

第二章　生物遗传资源获取与惠益分享
协议国际法实践

第一节　粮食和农业植物遗传资源协议范本

2001 年 11 月 3 日，联合国粮食及农业组织（Food and Agriculture Organization of the United Nations，FAO）第三十一届大会通过了《粮食和农业植物遗传资源国际条约》（*International Treaty on Plant Genetic Resources for Food and Agriculture*，ITPGRFA）。ITPGRFA 是全球首个专门针对粮食和农业植物遗传资源保护、可持续利用和利益分享的具有法律约束力的国际多边协定。它建立粮食和农业植物遗传资源获取与惠益分享的国际制度，发布实施了粮食和农业植物遗传资源领域的获取与惠益分享协议范本。

一、多边惠益分享系统

按照 ITPGRFA 的定义，"粮食和农业植物遗传资源"（plant genetic resources for food and agriculture）是指对粮食和农业具有实际或潜在价值的任何植物遗传材料，而"遗传材料"是指"含有遗传功能单位的有性和无性繁殖材料"。ITPGRFA 承认各国对其粮食和农业植物遗传资源的主权，主要构建了多边系统、获取与惠益分享、农民权利以及可持续利用 4 个方面的制度。

粮食和农业植物遗传资源与粮食安全密切相关，事关全人类的福祉。ITPGRFA 为方便全世界的育种者获取这些资源，促进公平分享相关利益，建立了获取与利益分享多边系统（multilateral system of access and benefit sharing），将 64 类粮食和饲草（约占人类粮食种类的 80%）农作物纳入其中。多边系统内的资源只能用于粮食和农业相关研究、育种、培训和保存目的，不能用于化学、药用或其他非食用（含饲用）工业用途，禁止将其直接申请专利、植物新品种等知识产权。ITPGRFA 成员须向所有缔约方开放利用其保存的这些粮食和农业植物遗传资源，方便育种者、科学家和相关企业获取，促进科学研究、创新和信息交换。任何单位和个人利用通过多边系统取得的资源时，都应通过信息交流、技术获取和转让、能力建设和商业利益共享四种方式分享相关利益。

① 信息交流。各缔约方应该提供多边系统内的粮食和农业植物遗传资源的信息，如作物多样性目录和清单，以及科技和社会经济研究成果如作物特性鉴定、评价和利用研究成果，等等。

② 技术获取和转让。各缔约方需提供多边系统中粮食和农业植物遗传资源保存、特性鉴定、评价和利用相关技术，或者为相关技术的获取创造便利条件。如果某些技术只能通过遗传材料予以转让，各缔约方应该为这些遗传材料或者改良品种的转让创造便利条件。各缔约方需向发展中国家缔约方提供和转让相关技术，包括受知识产权保护的技术，特别是粮食和农业植物遗传资源的保存技术和其他对发展中国家有益的技术。

③ 能力建设。帮助发展中国家制定或加强粮食和农业植物遗传资源保存和可持续利用方面的科技教育和培训，开发并强化粮食和农业植物遗传资源保存和可持续利用设施，合作开展研究特别是发展中国家急需的研究领域。

④ 商业利益共享。各缔约方的私营和公共部门通过多边系统内的科研合作，实现公平分享商业利益。使用者在将粮食和农业植物遗传资源的产品商业化时，应将相关产品总销售额的 1.1% 返还到多边系统设立的财务机制即信托基金（Benefit Sharing Fund，BSF）。不过，如果产品开放提供给其他人用作研究和育种时，则不需要向信托基金支付利益。由于各国农民是保存和可持续利用粮食和农业植物遗传资源的主体，基于对农民权利的保护，多边系统所分享到的利益优先直接或间接提供给他们。

ITPGRFA 所指的"利益"包括货币利益和非货币利益，具体需要签订《标准材料转让协议》来确定。一般地，货币利益主要是使用者向信托基金支付的份额和各方自愿捐款。非货币利益范围较为广泛，主要包括作物多样性信息和相关研究成果交换，向发展中国家转让作物多样性保育、鉴定、评价和利用相关技术，开展作物多样性相关研究、开发、商业和金融合作，提供科技教育和培训，加强发展中国家研究设施建设，强化国内科研机构合作，等等。

二、《标准材料转让协议》

ITPGRFA 规定，通过多边系统获取粮食和农业植物遗传资源时，应当签订《标准材料转让协议》（Standard Material Transfer Agreement，SMTA）。SMTA 由管理机构（governing body）制定。按照 ITPGRFA 的规定，SMTA 主要有以下内容。①只为粮食和农业研究、育种和培训而利用及保存提供获取机会，但其不包括化学、药用或其他非食用（饲用）工业用途。如系多用途（食用和非食用）作物，其对粮食安全的重要性应作为是否将其纳入多边系统和可否提供方便获取机会的决定因素[①]。②使用者不得以从多边系统获得的粮食和农业植物遗传资源或其遗传部分或成分的形态，提出限制其他人方便获取的任何知识产权和其他权利的要求[②]。③在多边系统内获取和保存的粮食和农业植物遗传资源，多边系统仍可从获取方取得这些资源[③]。④商业化从多边系统获取的粮食和农业植物遗传资源的产品时，使用者应向 BSF 支付该产品商业化所得利益的合理份额。如果这种产品不受限制地提供给其他人进一步研究和育种，则只要求最终将产品商业化的使用者支付利益[④]。SMTA 采用标准条款和条件，从而最大限度地确保粮食和农业植物遗传资源提供者和使用者遵守 ITPGRFA 相关条款义务。

（一）文本结构

SMTA 由序言、正文和附件三个部分构成。序言部分共 6 段，主要是宣示 ITPGRFA 宗旨，明确制定 SMTA 的依据。正文共 10 条，分别规定"协议当事人"（第 1 条）、"定义"（第 2 条）、"材料转让协议的对象"（第 3 条）、"一般条款"（第 4 条）、"提供方的权利与义务"（第 5 条）、"接受方的权利和义务"（第 6 条）、"适用法律"（第 7 条）、"争端解决"（第 8 条）、"附加条款"（第 9 条）和"签字或接受"（第 10 条）。附件共 4 份，即"附件 1　提供的材料清单""附件 2　根据本协议第 6.7 款的付款率和方式""附件 3　本协议第 6.11 款中备选付款计划的条款和条件""附件 4　本协议第 6.11 款备选付款计划中以作物为基础的付款备选方案"。

（二）核心条款

1. 术语定义

SMTA 第 2 条对协议所涉及的关键术语进行了界定，包括：

"无限制提供"——当一种产品可用于研究和育种而无禁止按照条约规定方式加以使用的任何法律或合同义务或技术限制时，该产品即被视为可无限制提供给他人进一步研究和育种。

"遗传材料"——含有遗传功能单位的任何植物源材料，包括有性和无性繁殖材料。

"管理机构"——ITPGRFA 的管理机构。

"多边系统"——根据 ITPGRFA 第 10.2 款建立的多边系统。

"粮食和农业植物遗传资源"——对粮食和农业具有实际和潜在价值的任何植物源遗传材料。

---

① ITPGRFA 第 12.3a 款。
② ITPGRFA 第 12.3d 款。
③ ITPGRFA 第 12.3g 款。
④ ITPGRFA 第 13.2d（ii）款。

"正在培育的粮食和农业植物遗传资源"——从尚未商业化、培育者打算进一步培育或转让给他人或机构进行进一步培育的材料获得的材料。当正在培育的粮食和农业植物遗传资源作为一个产品商业化时，这种资源的培育期应视为结束。

"产品"——整合了该材料或其准备商业化的任何遗传部分或成分的粮食和农业植物遗传资源，不包括商品及用于粮食、饲料和加工的其他产品。在 ITPGRFA 框架下，粮食和农业植物遗传资源的"产品"首先应当是粮食和农业植物遗传资源或者可作为遗传材料，并且可以被用于研究和育种。食品如米饭、豆腐、面条等不应被视为"产品"。因此，SMTA 对"产品"的界定排除了商品，以及粮食和饲料生产和加工的产品。例如，作为商品出售的育成品种收获物、食品、饲料及其深加工制品等不适用于 ITPGRFA 及其 SMTA。

"销售额"——接受方、其附属机构、承包人、许可证获得者和承租人从产品商业化所得到的毛收入。

"实现商业化"或者"商业化"——出于金钱考虑而在公开市场上出售产品，但不包括正在培育的粮食和农业植物遗传资源任何形式的转让。例如，转让正在培育的作物品种以便用于研究和培育，不应视为商业化。

2. 第三方受益人

SMTA 第 4 条"一般条款"规定，协议当事人同意由 ITPGRFA 管理机构指定某一实体，代表管理机构和多边系统作为协议的第三方受益人。第三方受益人在行使自身权利时，不妨碍粮食和农业植物遗传资源提供方和接受方行使自身权利。根据管理机构会议相关决议，联合国粮食及农业组织是 SMTA 的第三方受益人[①]。

第三方受益人无合同义务，但有两项主要合同权利。第一项权利是收集或取得相关信息。例如，粮食和农业植物遗传资源提供方按规定向管理机构通报的 SMTA 签订信息，接受方向另一主体转让正在培育的粮食和农业植物遗传资源时向管理机构通报的 SMTA 签订信息，协议当事人按照第三方受益人要求提供的信息或实例，SMTA 当事人争端解决相关信息，接受方年度报告（包括产品销售额、应交付款额和任何限制惠益分享付款相关的信息），等等。管理机构应将前两类信息提供给第三方受益人。第二项权利是代表管理机构和多边系统启动 SMTA 争端解决程序。第三方受益人有权启动当事人基于 SMTA 权利和义务的争端解决程序。

3. 提供方的权利和义务

粮食和农业植物遗传资源的提供方应当按照下列要求转让资源。

第一，免费、迅速提供，不跟踪单份收集品。如需收取费用，不得超过最低成本。

第二，按照适用的法律，同时提供全部已有的基本资料和相关说明信息，涉

① 参见 2007 年 ITPGRFA 管理机构第二届会议报告，第 61 段。

密信息除外。

第三，自行决定是否提供正在培育的粮食和农业植物遗传资源，包括农民正在培育的材料。

第四，获取受知识产权和其他产权保护的粮食和农业植物遗传资源应符合相关的国际协定和国家法律。

第五，按照管理机构确定的时间表，向管理机构通报 SMTA 签订情况。

4. 接受方的权利和义务

① 关于获取目的。接受方使用或保存的遗传材料只能用于粮食和农业研究、育种和培训，不得从事化学、药物或其他非食品或饲用工业用途。

② 关于知识产权。接受方不得对通过多边系统取得的遗传材料提出任何知识产权或其他权利要求。

③ 关于转让。如果接受方将材料用于保存目的，则应通过多边系统向受让方提供该材料及其全部基本资料和非涉密的说明信息。接受方转让保存的材料时，应签订新的 SMTA。如果接受方向其他主体转让正在培育的粮食和农业植物遗传资源，则应依据 SMTA 制定新的转让协议。在接受方和其他主体的转让协议中，接受方部分权利和义务不适用，如免费或最低成本收费和迅速提供等。但接受方和其他主体应在新的转让协议中以附件的形式列出来源于多边系统的遗传材料清单。接受方应当将新协议相关信息通知管理机构，不得对受让方附加任何 SMTA 之外的其他义务。

④ 关于惠益分享。接受方如果将粮食和农业植物遗传资源的产品商业化，且产品不能无限制地提供给他人进一步研究和育种时，接受方应当向多边系统 BSF 支付该产品销售额的 1.1%。如果产品由两项及以上 SMTA 涉及的粮食和农业植物遗传资源开发而来，则接受方只需支付一笔款项。接受方将产品的知识产权转让给第三方时，其惠益分享义务同时向第三方让渡。此外，SMTA 规定了接受方豁免惠益分享义务的三种情形：一是接受方通过购买等方式从已经为产品支付过惠益的提供方处取得遗传材料，二是接受方通过购买等方式从无限制提供且免于付款的提供方处取得遗传材料，三是接受方将遗传材料作为商品销售或者贸易。接受方无限制地提供给他人进一步研究和育种，其付款为自愿和非强制性质。

⑤ 关于付款方式。SMTA 规定了有效期为 10 年或 15 年的备选付款方式。接受方可以在该有效期内按照产品销售额的折扣费率付款。接受方通知管理机构其选择了备选付款方式后，其付款不受是否"无限制提供"的影响，需按照产品销售额的 0.5%付款。如果接受方转让正在培育的粮食和农业植物遗传资源，受让方应向 BSF 支付产品销售额的 0.5%。在备选方案有效期结束之后，接受方应当对依赖付款有效期内收到的材料完成的、有条件提供的任何产品进行付款。如果接受方签订了多份 SMTA，付款期限将从第一份选择备选付款方式的 SMTA 开始计

算。如果接受方针对同类作物签订了或将要签订多份 SMTA，则只需要向 BSF 支付一份协议所规定的销售额。款项不累计支付。

⑥ 关于信息报告。接受方应当向管理机构提交年度报告，说明一定时间内的产品销售额、应付款额和任何限制惠益分享付款的信息。ITPGRFA 第 17 条建立了"全球粮食和农业植物遗传资源信息系统"，接受方还应通过该机制向多边系统提供遗传材料研究和开发相关非保密信息。

（三）实施成效

截至 2020 年 5 月，ITPGRFA 已经有 147 个缔约方。自生效以来，ITPGRFA 多边系统已纳入了超过 260 万份粮食和农业植物遗传资源样品。从数量来看，缴存最多的是国际农业研究磋商小组各国农业研究中心（国际农研中心）和欧盟，每年通过签署 SMTA 交流的遗传材料超过 10 万份。

2011 年，ITPGRFA 秘书处发布了 SMTA 在线管理系统 Easy-SMTA，协助用户在线编写 SMTA，以及按照规定报告签订的 SMTA。从 Easy-SMTA 披露的数据来看，截至 2020 年 6 月 28 日，全球共有 2774 个用户在 Easy-SMTA 登记了 SMTA。这些用户包含 1 669 名个人和 1 105 个法律实体。现已登记的 SMTA 共 76 525 份，涉及 558 万余份粮食和农业植物遗传资源。其中，绝大部分粮食和农业植物遗传资源提供给 ITPGRFA 的缔约方，约占 83%；提供给非缔约方的约占 17%。自 2013 年起，BSF 开始依据 SMTA 接收缴存资金，但分享商业化所得货币惠益仍然停留在制度文本层面，通过 SMTA 接受遗传材料的当事人尚未向 BSF 付款[①]。

第二节　特殊病原体协议范本

2008 年，世界卫生大会（World Health Assembly）提出制定一份涵盖大流行性流感病毒（influenza virus with human pandemic potential）、共享信息［包括基因序列数据（genetic sequence data）］、疫苗和医疗产品等利益分配的大流行性流感防范框架，协调和规范各国政府间对特殊病原体的协同防控和资源共享。2011 年，第六十四届世界卫生大会通过了《共享流感病毒以及获得疫苗和其他利益的大流行性流感防范框架》（*Pandemic Influenza Preparedness Framework for the Sharing of Influenza Viruses and Access to Vaccines and Other Benefits*，以下简称"PIP 防范框架"），建立了 PIP 生物材料（pandemic influenza preparedness biological materials）的获取与惠益分享机制。

---

① 张小勇，王述民，2018.《粮食和农业植物遗传资源国际条约》的实施进展和改革动态：以获取和惠益分享多边系统为中心［J］. 植物遗传资源学报，19（6）：1019-1029.

一、PIP 防范框架适用范围

PIP 防范框架适用于共享 H5N1 型病毒及其他可能引起人类大流行的流感病毒，以及共享由其使用所带来的利益。同时，PIP 防范框架第 3 条也规定，其不适用于季节性流感病毒或依据 PIP 防范框架共享的临床标本中可能包含的其他非流感病原体或生物物质。该框架对"PIP 生物材料"进行了界定，包括：①人类临床标本；②野生型的人类 H5N1 病毒及其他可能引起人类大流行的流感病毒的病毒分离物；③世界卫生组织（WHO）全球流感监测和应对系统（global influenza surveillance and response system，GISRs）实验室从 H5N1 或其他可能引起人类大流行的流感病毒中开发的经改造的病毒，也即通过反向遗传学或高生长重配方法产生的候选疫苗病毒；④从野生型 H5N1 病毒及其他可能引起人类大流行的人类流感病毒中提取的核糖核酸和包含一个或多个病毒基因的整个编码区的互补脱氧核糖核酸。PIP 防范框架对"基因序列"进行了界定，即"指在脱氧核糖核酸或核糖核酸分子中存在的核苷酸序列。它们含有确定生物或病毒的生物学特性的基因信息。"

二、PIP 标准材料转让协议

PIP 防范框架坚持病毒共享和利益共享对等的原则，承认"国家对其生物资源拥有主权权利"，同时也认为各国应该"采取集体行动"降低公共卫生风险，支持通过 GISRs 的 153 家机构共享病毒。PIP 防范框架第 5.4 条对 PIP 标准材料转让协议进行了规定，分别适用针对系统内①和系统外②不同接受方的具有一定适用期限的"标准材料转让协议"。对系统内的接受者而言，需要按照 WHO 的规定和相关科学准则使用 PIP 生物材料，不得谋求标的物的任何知识产权。而系统外的接受者除此以外，还应向 WHO 捐赠或以 WHO 支付得起的价格出售疫苗、抗病毒药物或诊断包，抑或以优惠条件甚至免费授权发展中国家制药商实施其知识产权，同时支持发展中国家开展符合 GISRs 标准的实验室能力建设。

（一）GISRs-SMTA1

1. 文本结构

GISRs-SMTA1 包含序言和正文两个部分。序言阐明了协议的目的，即"促进 PIP 防范框架"的实施。正文部分包含 11 个条款，逐次规定"协议缔约方"（第 1

---

① PIP 防范框架第 5.4.1 条：附件 1 所载标准材料转让协议 1（SMTA 1）的使用将涵盖其适用期限内世界卫生组织全球流感监测和应对系统内所有 PIP 生物材料的转让。

② PIP 防范框架第 5.4.2 条：总干事将使用附件 2 所载标准材料转让协议 2（SMTA 2）与世界卫生组织全球流感监测和应对系统以外的实体订立协议。这类协议将涵盖协议有效期内向接受方提供的所有 PIP 生物材料的转让。

条）、"协议的主题事项"（第 2 条）、"一般条款"（第 3 条）、"提供者的权利和义务"（第 4 条）、"接受者的权利和义务"（第 5 条）、"知识产权"（第 6 条）、"解决争端"（第 7 条）、"保证"（第 8 条）、"协议期限"（第 9 条）、"接受和适用性"（第 10 条）、"签署"（第 11 条）。

2．核心内容

GISRs-SMTA1 将协议当事人严格限定为"已获得 WHO 指定或确认的、并已同意根据所议定的 WHO 职权范围开展工作的流感实验室"，而"协议主题事项"即协议转让的标的物是"PIP 生物材料"。

提供者权利和义务主要涉及材料转让和信息报告两个方面。提供者需要根据 GISRs-SMTA1 所规定的同样条款和条件，向 GISRs 所有成员进一步转让"材料"，以便广泛使用。提供者也应向 GISRs 以外的实体进一步转让材料，但条件是潜在接受方已经签订 GISRs-SMTA2。PIP 防范框架建立了流感病毒追踪机制，提供者应通过该机制登记和报告向 GISRs 以内或以外实体提供"PIP 生物材料"的情况。此外，提供者需要承诺按照适用的 WHO 指南和国家生物安全标准处理材料。

接受者权利和义务主要包括信息报告、向第三方转让的条件、科研合作、道德致意等。接受者应通过流感病毒追踪机制通报其向 GISRs 内、外转让材料的情况。如果接受者计划将材料进一步在 GISRs 内转让，应按照 GISRs-SMTA1 的规定进行。接受者应当使来源实验室和其他获批准的实验室的科学家，特别是发展中国家的科学家，充分参与涉及来自其国家的临床标本或流感病毒研究方面的科学项目，能够积极参与成果发表，如制作演讲手稿和编写出版物手稿。接受者还应依据现有科学准则，在演讲和出版物中对合作者个人、实验室和国家的贡献致以谢意。接受者也需承诺根据适用的 WHO 指南和国家生物安全标准处理材料。

GISRs-SMTA1 禁止协议当事人对 PIP 生物材料主张任何知识产权，不对 PIP 生物材料于 PIP 防范框架通过之日以前所获得的知识产权构成挑战或影响。接受者要尊重生成或改性 PIP 生物材料的技术所涉及的知识产权。换言之，PIP 生物材料在 PIP 防范框架生效以前取得的知识产权依然有效。如果提供者提供的 PIP 生物材料系由某种知识产权技术"生产或改性"而来，接受者不得侵害此种知识产权。

"协商"是解决当事人 GISRs-SMTA1 争端的优先和主要措施。GISRs-SMTA1 规定，争端应通过协商或其他"任何友善手段"予以解决。如果协商无果，双方都有责任继续努力解决争端。同时，GISRs-SMTA1 引入第三方——WHO 总干事——争端解决机制处理分歧。如果极尽"友善手段"协商仍然不能有效解决的争端，GISRs-SMTA1 任何一方当事人都可以将争端事项提交给 WHO 总干事。总干事可以提出解决分歧的建议，同时向世界卫生大会报告。按照 PIP 防范框架第 7.3.4 条的规定①，总干事有权审查 GISRs-SMTA1 存在的任何违规行为，与咨询小组商讨任何适当的处罚行动。情节严重的，总干事可以考虑中止或者撤销 WHO 对有关实验室的指定或认可。

提供者不对 PIP 生物材料安全性和相关数据准确性承担义务，也不需要对材料的质量、存货能力或者纯度（基因或机械程度）承担义务。但是，提供者和接受者需要承担各自国家有关 PIP 生物材料的生物安全管理法定义务和责任。

GISRs-SMTA1 范本的有效期"持续至 2021 年 12 月 31 日，并自动展期至 2031 年 12 月 31 日，除非世界卫生大会另有决定"。

PIP 防范框架通过之前加入 GISRs 的接受者或提供者，适用 GISRs-SMTA1；PIP 框架通过之后加入 GISRs 的接受者或提供者，WHO 指定或者确认其实验室为 GISRs 实验室之后适用 GISRs-SMTA1。只有实验室被 WHO 中止或撤销 GISRs 资格，或者与 WHO 达成共识时，实验室不适用 GISRs-SMTA1，但不影响实验室继续履行 GISRs-SMTA1 已有义务。

GISRs-SMTA1 规定，除非任一当事人要求以签署书面文件的方式确认生效，否则 GISRs-SMTA1 将依照 PIP 防范框架第 10 条有关"接受和适用性"的规定自动适用和生效。简言之，加入 GISRs 即意味着接受 GISRs-SMTA1，退出 GISRs 则意味着中止或者撤销适用 GISRs-SMTA1。在中止或者撤销后，实验室需要继续履行现已承担的 GISRs-SMTA1 约定义务。

（二）GISRs-SMTA2

1. 文本结构

GISRs-SMTA2 适用于 WHO 向 GISRs 之外的主体转让 PIP 生物材料。该范本包含 15 条，分别为"协议缔约方"（第 1 条）、"协议的主题事项"（第 2 条）、"定义"（第 2 条之二）、"提供者的义务"（第 3 条）、"接受者的义务"（第 4 条）、"解决争端"（第 5 条）、"赔偿责任和赔偿"（第 6 条）、"特权和豁免权"（第 7 条）、"名称和徽标"（第 8 条）、"保证"（第 9 条）、"协议期限"（第 10 条）、"终止"（第 11 条）、"不可抗力"（第 12 条）、"适用法律"（第 13 条）、"签署和接受"（第 14 条）。

2. 核心内容

GISRs-SMTA2 所涉 PIP 生物材料提供者即 GISRs 成员，统一视为"WHO"。接受者包括从 GISRs 实体接受了 PIP 生物材料的流感疫苗、诊断试剂和药品生产商、生物技术公司、研究机构、学术机构等。GISRs-SMTA2 所涉术语除适用 PIP

---

① PIP 防范框架第 7.3.4 条：如果世界卫生组织流感合作中心、世界卫生组织 H5 参考实验室、国家流感中心和必要的管制实验室在职权范围或标准材料转让协议方面存在任何指称违规行为，总干事将对具体情况予以审查，并可与咨询小组商讨任何适当的行动以对付这些违规行为。如果情节严重的，总干事可以考虑中止或撤销世界卫生组织对有关实验室的指定。

防范框架相关定义外，WHO 和接受者还可以另行约定其他必要的术语定义。GISRs-SMTA2 仅重点规定了接受者义务、争端解决、WHO 的特权和豁免权等三项内容，而对提供者义务、赔偿责任和赔偿、名称和徽标、保证、协议期限、终止、不可抗力、适用法律、生效方式等均未作明确规定。与 GISRs-SMTA1 相比，GISRs-SMTA2 采用了由 WHO 和接受者个案谈判协议的方式，更富灵活和弹性，使其成为一份极具指导意义的 PIP 生物材料获取与惠益分享模式合同。

1）接受者义务

第一，接受者应出于对大流行防范和应对的最佳考虑，按照 WHO 确定的时间表履行其做出的各项承诺。除区别性承诺外，接受者可以捐赠疫苗、抗病毒药品、医疗器械或者诊断包，以 WHO 可负担得起的价格出售产品，转让技术和工艺，免费授权 WHO 使用产品，支持 GISRs 实验室和监测能力建设。

第二，GISRs-SMTA2 把接受者区分为不同类型，即"疫苗或抗病毒药物生产商"和"大流行性流感防范和应对有关产品的生产商"，制定了区别性承诺。

疫苗或抗病毒药物生产商可以选择以下区别性承诺中的两个方案。

A1. 将实时生产的大流行性流感疫苗至少 10%[1]捐赠给 WHO。

A2. 将实时生产的大流行性流感疫苗至少 10%[1]保留给 WHO，并且价格为其所负担得起。

A3. 将至少 $X^{[2]}$ 个疗程的大流行所需要的抗病毒药物捐赠给 WHO。

A4. 保留至少 $X^{[2]}$ 个疗程的大流行所需要的抗病毒药物并且价格可负担得起。

A5. 根据相互商定的公平和合理的条件，包括有关可负担得起的特许权使用费的条件，同时考虑到最终使用产品的国家的发展水平，向发展中国家的制药商发放技术、技能、产品和工艺许可证，以便使用其知识产权生产流感疫苗、佐剂、抗病毒药物和诊断试剂。

A6. 向发展中国家的制药商发放免使用费许可证或向 WHO 发放非专属性、免使用费许可证，以便使用其知识产权生产大流行期间需要的大流行性流感疫苗、佐剂、抗病毒药品和诊断试剂。WHO 可根据适当条款和条件，并按照合理的公共卫生原则向发展中国家的制药商发放这些分许可证。

选择 A5 或 A6 方案的疫苗或抗病毒药物生产商应当定期向 WHO 提供资料，说明其所发放的许可证和许可协议的实施情况。

大流行性流感防范和应对有关产品的生产商需要选择 A5、A6 和以下区别性承诺中的任一方案：

B1. 向 WHO 至少捐赠 $X^{[2]}$ 个大流行所需要的诊断包。

B2. 为 WHO 至少保留 $X^{[2]}$ 个大流行所需要的诊断包，并且价格为其所负担

---

① 谈判确定一个 5%～20%之间的适当比例。

② 谈判确定。

得起。

B3. 与 WHO 合作，支持加强发展中国家的特定流感实验室建设和监测能力。

B4. 与 WHO 合作，支持向发展中国家转让技术、专门知识和工艺，以加强大流行性流感的防范和应对。

第三，如果接受者拟将其取得的 PIP 生物材料转让给第三方，则应先向 WHO 报告。总干事同意转让的，将由 WHO 与第三方签订 GISRs-SMTA2。

第四，接受者可以和已经签订了 GISRs-SMTA1 或者 GISRs-SMTA2 的其他受让人交换 PIP 生物材料。

第五，接受者应当确保按照适用的 WHO 准则和国家生物安全标准处理 PIP 生物材料。

第六，接受者可以使用现有科学准则，在演讲和出版物中对实验室贡献表示适当感谢。

2）争端解决

GISRs-SMTA2 的争端解决方案主要是当事人谈判和第三方仲裁。当事人也可以协商适用其他不具有约束力的争端解决方案。如果无法通过谈判或双方选择的其他不具约束力的方式解决，则应按照 GISRs-SMTA2 约定将争端提交对双方具有约束力的仲裁庭处理。

3）特权和豁免权

由于 WHO 是政府间组织，其作为协议当事一方，享有一定的国际法特权和豁免权，且该种权利不受协议影响。GISRs-SMTA2 第 7 条规定，协议条款或与之相关的任何内容均不表示 WHO 有义务服从任何国家的立法或司法管辖权，或者被视为放弃与联合国《专门机构特权与豁免权公约》相一致的任何特权和豁免权或任何国家或国际法律、公约或协定所规定的其他权利。

三、PIP 标准材料转让协议实施成效

据 WHO 披露的信息①，WHO 和疫苗或抗病毒药物生产商截至 2019 年 5 月已经签订 13 份 GISRs-SMTA2，获得 4.2 亿剂疫苗和 1000 万个疗程的抗病毒药物；与大流行性流感防范和应对有关产品的研究机构截至 2019 年 2 月签订 71 份 GISRs-SMTA2；截至 2018 年 7 月，已与两家大流行性流感防范和应对有关产品的大型生产商签订 GISRs-SMTA2 协议 2 份，获得 25 万个诊断包、1 000 万个疗程的抗病毒药物和 2 500 万支注射器。另据世界卫生大会披露，截至 2017 年 12 月底，各类生产商累计向 WHO 提供了 1.39 亿美元资金，用于加强大流行性流感防范的能力建设。

① World Health Organization. Standard Material Transfer Agreements 2（SMTA2）[EB/OL].（2019-05-13）[2020-11-05]. https://www.who.int/influenza/pip/smta2/en/.

WHO 披露了与疫苗或抗病毒药物生产商、大流行性流感防范和应对有关产品的生产商、研究机构签订的所有 GISRs-SMTA2 实务合同正文。在协议范本中，GISRs-SMTA2 并未对提供者即 WHO 的义务进行明确规定，而是留给当事人谈判商定。但是从 GISRs-SMTA2 实务合同来看，"WHO 义务"也是以格式条款的形式规定的。无论是在与各类生产商还是研究机构签订的 GISRs-SMTA2 实务合同中，WHO 的义务均为"向咨询小组报告任何由总干事授权的材料的例外转让"。所谓"例外转让"主要是指 GISRs-SMTA2 范本第 4.4 条①，即 PIP 生物材料的第三方转让情形。

值得注意的是，PIP 防范框架下的材料转让协议只涉及"PIP 生物材料"，并不包含"基因序列数据"的转让和利益共享。该框架第 5.2 条对此进行了规定，要求 WHO 会员国与来源实验室、WHO 全球流感监测和应对系统实验室迅速、及时和系统地分享与 H5N1 病毒及其他可能引起人类大流行的流感病毒有关的基因序列数据和源于此数据的分析结果。2016 年的专家组审查报告认为基因序列数据对流感研究愈发变得重要，建议会员国在不能迅速交换 PIP 生物材料但有基因序列数据时，应当立刻共享基因序列数据，并促进其在可持续数据库中公开获取。2017 年，第七十届世界卫生大会决议要求 WHO 秘书处研究将季节性流感病毒等其他病原体纳入 PIP 防范框架的影响，以及将基因序列数据纳入 PIP 防范框架惠益分享机制的影响。

第三节 世界知识产权组织有关知识产权条文的指导

知识产权是科学研究和产业部门保持竞争力的制胜武器，制药、生物技术、农业育种、化妆品和个人护理用品、食品等生物遗传资源相关行业尤为如此。生物遗传资源获取与惠益分享协议不可避免地涉及知识产权问题，而当事人对协议标的物及其研究和商业开发成果的知识产权配置是协议的核心条款。

世界知识产权组织（World Intellectual Property Organization，WIPO）早在 20 世纪 90 年代末就开始关注生物遗传资源的获取与惠益分享问题。2000 年，成立了知识产权与遗传资源、传统知识和民间文艺政府间委员会（Intergovernmental Committee on Intellectual Property and Genetic Resources，Traditional Knowledge and Folklore，IGC），专门讨论遗传资源和传统知识相关知识产权问题，试图制定适用于遗传资源、传统知识和民间文艺的知识产权保护制度。截至 2020 年 6 月底，WIPO-IGC 已经召开了 40 次会议，形成了遗传资源、传统知识、民间文艺 3 份独

---

① GISRs-SMTA2 第 4.4 条：如果预期的接受者与世界卫生组织订立了标准材料转让协议，接受者只应进一步转让 PIP 生物材料。任何这类进一步转让都应报告世界卫生组织。在特殊情况下，总干事可允许向预期的接受者转让 PIP 生物材料，同时要求该接受者订立标准材料转让协议，并就此向"咨询小组"提出报告。

立案文，并就此开展谈判。但由于各方分歧非常大，在政策目标、术语使用、保护客体、受益人、保护范围、权益管理、例外和限制等关键领域难以达成一致，进展十分缓慢。

然而，WIPO 在生物遗传资源获取与惠益分享协议的知识产权条文领域取得了卓有成效的进展。2001 年，WIPO-IGC 第二次会议通过了《关于遗传资源获取与惠益分享协议知识产权条款的工作原则》。2002 年，发布"生物多样性相关获取与惠益分享协议"数据库，迄今已经搜集和发布各区域组织、国家 28 份生物遗传资源获取与惠益分享协议范本和 22 份实务合同，特别是涉及知识产权内容的条文①。2018 年，WIPO 发布了《获取与惠益分享协议知识产权问题指南》，指导生物遗传资源使用者和提供者制订生物遗传资源获取与惠益分享协议中的知识产权条款。

一、知识产权条款工作原则

WIPO-IGC 对涉及未经人工改造的天然生物遗传资源的获取与惠益分享协议进行了分析评估，发现一些普遍存在的协议条款。例如，当事人、协议范围、提供者权利义务、获取者权利义务、适用的法律、争端解决等。知识产权条款在获取与惠益分享协议中或独立成文，或分散在其他条款中，都构成协议的重要内容。至于分散设置的，协议范围、提供者权利义务、获取者权利义务等条款包含知识产权相关内容。争端解决、协议终止、违约责任等格式条款往往也会涉及知识产权相关内容。

WIPO-IGC 报告进一步总结提出了制定知识产权条文的四项工作原则。

原则一：知识产权相关权利义务应当承认、促进和保护正式与非正式的所有基于或者有关遗传资源的人类创造和创新

这一原则反映了知识产权的基本目标，即通过授予智力劳动成果排他性专有权，鼓励创新创造及其应用与传播。基于遗传资源的创造与创新包括正式与非正式两种形式。在遗传资源的语境下，正式创新（formal innovation）被定义为"正式创新者"（formal inventor）的创新，是指在政府或者非政府机构工作的职员或者其他法人开发的新技术和产品依法取得知识产权保护。非正式创新（informal innovation）则被定义为"非正式创新者"（informal innovator）的创新，是指国家、社区或者个人基于传统保护和发展的没得到知识产权保护的地方技术和产品。在生物遗传资源获取与惠益分享协议中，知识产权条款应该承认正式与非正式创新的重要性，并提供同等保护。

原则二：知识产权相关权利义务应当考虑到遗传资源的跨部门特征和政策目标

生物遗传资源涉及多个领域，生物遗传资源获取与惠益分享协议中知识产权

---

① World Intellectual Property Organization. Biodiversity-related Access and Benefit-sharing Agreements [EB/OL].（2019-03-21）[2020-11-05]. https://www.wipo.int/tk/en/databases/contracts/list.html.

条款需要与其他相关领域的政策目标和框架进行协调一致。知识产权条款不仅要防止知识产权侵权、滥用和歧视，还要符合获取与惠益分享的原则、目标与宗旨。例如，基于 ITPGRFA-SMTA 达成的知识产权条款，不仅涉及当事人的私人利益，也应该兼顾国际社会对粮食安全的公共利益。再如，基于《生物多样性公约》达成的生物遗传资源获取与惠益分享协议，其知识产权条款需要考虑到"事先知情同意"等原则。此外，知识产权条款还要尽可能与通行的商事规则与商业实践保持一致。

原则三：知识产权相关权利义务应当确保所有利益相关方全面、有效参与，以及解决知识产权条款谈判和制定相关的程序问题

除了生物遗传资源获取与惠益分享协议当事人，协议涉及的所有利益相关方都应该全面和有效地参与知识产权条款的谈判和制定。特别是当协议涉及传统知识时，土著居民、地方社区和其他传统知识持有人都应该参与条文的谈判和制定过程。

原则四：知识产权相关权利义务应当对遗传资源的不同用途进行区分，如商业、非商业和习惯利用。

生物遗传资源的用途可粗略区分为商业、非商业和习惯利用。生物遗传资源获取与惠益分享协议应针对不同用途，制定不同的知识产权条款。特别地，知识产权条款应当保障土著人民和地方社区依照传统方式利用生物遗传资源的权利。

二、知识产权问题指南

2002 年，WIPO-IGC 启动"获取与惠益分享知识产权指南"制订工作，拟进一步阐明知识产权条款的制定原则，为当事人提供生物遗传资源获取与惠益分享协议实践经验。直至 2013 年，WIPO-IGC 初步编制完成了指南的草案，但由于 WIPO 成员国分歧较大，草案未获讨论通过。2018 年，WIPO 在指南草案的基础上开展了相关研究，公开发布了《获取与惠益分享协议知识产权问题指南》[①]，指出知识产权及其衍生知识产权的申请权、所有权、使用许可、维护和实施知识产权的当事人、衍生知识产权所产生利益的分配是当事人需要在生物遗传资源获取与惠益分享协议中重点关注的典型问题。

生物遗传资源研究与开发的目的和导向决定了适用于保护创新思想、产品和过程方法的知识产权类型。具体而言，生物遗传资源利用所产生的创新技术、产品和过程方法可以适用专利、商标、版权和商业秘密等多种保护路径。专利保护客体应具备可专利性（patentablity），即具备新颖性、创造性和工业实用性等特征。

---

① World Intellectual Property Organization (WIPO). A Giude to Intellectual Property Issues in Access and Benefit-sharing Agreements [EB/OL]. (2018-12-20)[2021-01-21]. https://www.wipo.int/publications/en/details.jsp?id=4329.

专利所有权人在专利保护期限内享有排他性权利,防止他人商业化利用专利发明。专利客体不得直接被用于商业生产或者开发。他人如果想利用专利客体进行商业生产、使用、销售、配送,需要得到专利所有权人事先许可。专利权有很强的地域性,需要在不同国家和地区取得专利保护。不同国家为专利保护提供的保护期限不同,一般为 20 年。

商标是区别货物或者服务的标识。商标由绘画、符号、三维特征、言辞、文字、数字等的组合构成,此外独特的声音、香味、色调等无形标识也可以通过注册获得商标保护。值得注意的是,部分国家的法律规制除了要求注册获得商标保护以外,商标所有权人也可以将商标客体投入市场使用而获得保护。商标所有权人享有使用注册商标的排他性权利,可以授权或者许可他人使用注册商标,并收取授权费。商标保护期限通常为 10 年,符合条件的可以无限期延展。

版权或称著作权,是创作者对其文学和艺术作品的权利。版权保护客体主要是小说、诗歌、戏剧、报刊文章等文学作品,油画、素描、照片、雕塑等艺术作品,计算机程序,数据库,电影,音乐,舞蹈,建筑样式,广告,地图,技术图纸等。版权保护可以扩展至思想表达(expression of idea),但不包括思想本身。版权保护客体必须具有原创性(original),部分国家要求文学、艺术、戏剧和音乐作品必须固化在物质形式(material form)上,如音乐唱片。版权主要赋予其所有人经济权利和道德权利。所谓"经济权利",指版权所有人有权授权或者禁止他人复制、公开展演、记录、播放、翻译、改编版权作品,并获得资金回报。所谓"道德权利"指其所有权人有权主张作品作者身份,反对可能损害创作者声誉的作品变更。道德权利是对版权所有者非经济利益的保护。经济权利有一定保护期限,《保护文学和艺术作品伯尔尼公约》缔约方国家通常规定为不少于作者逝世后 50 年。道德权利的期限则取决于各国立法,部分国家规定版权保护无期限。版权制度可以为生物遗传资源特征数据和传统知识的记录形式提供保护,如单个原创数据或者数据汇编。需要注意的是,数据库版权保护的是数据库构建方法、路径以及数据汇编,而非数据库中的数据或者信息本身。版权所有权属于生物遗传资源信息和传统知识记录载体的创作者,而不一定是生物遗传资源和传统知识的持有者。版权所有者有权将部分或全部经济权利授予、转让或者许可给他人。

商业秘密泛指能够为持有者提供竞争优势的机密信息,包括制造业和工商业秘密。未经持有者授权而使用这种信息,将被视为"不正当竞争"。一般而言,商业秘密的保护客体包括技术诀窍(如设计、配方、生产过程等技术知识)、有商业价值的数据(如市场计划、营销方法、客户档案、广告策略、供应商清单等竞争优势信息)、农用化学品和药品试验审批数据等。商业秘密保护不受形式要求的限制,不需要注册或者履行其他程序,无限期保护。但商业秘密必须满足未公开的、因保密而具有商业价值、持有者采取合理措施（reasonable steps）进行保密等三项条件才符合法律规制的保护要求。如果商业秘密持有者保密失效，或者该信息由其他人独立发现，成为公开披露信息，则商业秘密保护失效。传统知识往往由个人或者特定群体作为一种秘密进行传承和保守，适于采用商业秘密予以保护。生物遗传资源和传统知识使用者的研究成果往往被其视为商业秘密而加以保护，因此提供者分享研究成果的权利客观上受到限制。因此，生物遗传资源获取与惠益分享协议可以通过约定保密条款，防止不必要地披露商业秘密。此外，商业秘密也被当作企业经营战略，防止竞争对手掌握技术诀窍。

知识产权所有者可以通过多种途径实施其权利，例如直接制造和销售涉权产品、许可或者出售知识产权。所有者也可以利用知识产权将他人排除在研究或产品开发的某些领域之外，确保权利所有者保持竞争优势。知识产权管理策略必须能够反映生物遗传资源获取与惠益分享协议当事人的知识产权管理和使用意图与期望。生物遗传资源获取与惠益分享协议当事人以非商业目的利用生物遗传资源时，往往约定未经提供者事先知情同意不得申请任何知识产权的专门条款，并排除任何一方对知识产权的实施。如果使用者以商业目的利用生物遗传资源，其研究成果和商业活动将产生大量的知识产权，需要在协议中专门对此进行约定。实际上，商业和非商业利用活动很难截然分开，科学研究能够发现具有商业潜力的创意、产品或者过程方法，进而转变为应用研究和产品开发。因此，当事人的共同商定条件往往包含用途转变后需要重新取得事先知情同意，以及重新达成共同商定条件。

生物遗传资源价值链特征决定了其开发利用往往涉及多个利益相关方。因此，当事人需要在协议中明确约定生物遗传资源转让给第三方的条款和条件，确保第三方受益人与使用者享有同等义务，如知识产权义务。例如，提供者可以约定不得转让生物遗传资源给第三方，除非第三方与提供者签订生物遗传资源获取与惠益分享协议，或者第三方承受与使用者在协议中享有的同等义务。

生物遗传资源开发具有高成本和高风险特征。使用者往往倾向于保留知识产权的所有权，而将其他权利通过签订许可协议授权第三方实施。在生物遗传资源获取惠益分享协议中，第三方没有直接的合同义务，但可以约定使用者对知识产权许可的义务，从而保障提供者获得知识产权许可的惠益。许可类型分为排他（exclusive license）、唯一（sole license）和非排他（non-exclusive license）授权。排他许可仅允许被许可人使用授权知识产权或者技术，许可人不再使用该授权知识产权或者技术，也不将其许可他人。唯一许可禁止许可人将授权知识产权或者技术再许可给第三方，但保留许可人继续使用该知识产权或者技术的权利。非排他许可允许许可人和被许可人对第三方进行授权。许可协议可以包含被许可人对授权知识产权或者技术进行分许可（sub-license）的权利，即被许可人可以将授权知识产权或者技术的全部或者部分授权给第三方使用。许可协议应当准确约定授予或者不授予的权利。

与其他商事合同一样，调解、仲裁或者诉讼可以作为生物遗传资源获取与惠益分享协议争端解决的方式。协议需要专门规定争端解决的管辖权。适当的仲裁条款应包含仲裁机构名称、仲裁员数量、仲裁地、工作语言和仲裁规则。

第三章　南非协议范本研究

　　南非是较早立法管理遗传资源获取与惠益分享的国家，早在《名古屋议定书》达成之前就已经发布实施了《国家环境管理：生物多样性法》（2004 年）明确规定获取和利用南非境内的遗传资源需要签订材料转移协议（material transfer agreement）和惠益分享协议（benefit sharing agreement）。

　　按照《国家环境管理：生物多样性法》的规定，从事本土生物资源（indigenous biological resources）开发和出口的，应当取得相关主管部门颁发的许可证。相关主管部门在向获取人签发许可证前，应当确保生物资源提供人——政府机构（organ of state）、社群（community，或称"社区"或"群体"）、土著社区（indigenous community）、自然人（natural person）——的利益，要求获取活动应事先取得其同意。使用者须提交事先签订的材料转移协议和惠益分享协议给环境与旅游事务部（现环境事务部）审批。材料转移协议和惠益分享协议经环境与旅游事务部批准后生效，同时签发本土生物资源获取许可证。

　　该法第 83 条规定，惠益分享协议应以规定的形式约定，至少包含本土生物资源类型、收集资源的区域或来源、收集数量、土著社区传统利用、本土生物资源潜在用途、协议各方名称、开发或利用资源的方式和范围、惠益分享方式和范围、协议执行情况定期报告以及其他。

　　第 84 条要求材料转移协议也应当以规定的形式约定，至少包含本土生物资源的提供人和出口人或接受人的详细情况、资源类型、收集资源的区域或来源、收集或出口资源的数量、出口资源的目的、资源当前的潜在用途、接受人向第三方提供拟议资源或其后代时应遵守的条件。

　　第 85 条设立生物勘探信托基金，惠益分享协议和材料转移协议所产生的、利益相关者应得的所有资金都缴存至该信托基金，再由信托基金支付给利益相关者。

第一节 南非生物遗传资源获取与惠益分享管理制度

一、2008 条例

2008 年，南非环境与旅游事务部发布实施《生物勘探、获取与惠益分享条例》（以下简称"2008 条例"），进一步明确了惠益分享协议和材料转移协议的内容、要求和标准，制定了南非管理生物遗传资源获取与惠益分享的"2008 模式协议范本"。该条例适用于生物勘探①项目的发现阶段和商业化阶段，也适用于为生物勘探或科学研究出口本土生物资源的情形。

（一）本土生物资源获取许可

任何生物勘探项目在发现或商业化阶段都需要取得环境与旅游事务部部长签发的生物勘探许可。如果需要出口本土生物资源的，则应取得出口生物勘探许可。出口本土生物资源只用于科学研究目的的，须取得出口研究许可。

生物勘探许可证须符合两个条件才能签发，即：第一，环境与旅游事务部（部长）批准材料转让协议或惠益分享协议；第二，按规定缴纳申请费（non-refundable fee）。生物勘探许可证应规定许可有效期、拟议本土生物资源名称、资源数量和来源。环境与旅游事务部应当在下列情形下发放生物勘探许可证：①按照《国家环境管理：生物多样性法》有关条规定，将惠益分享协议约定的所有货币惠益缴存至生物勘探信托基金；②申请人按照规定的格式提交年度报告；③申请人按照《国家环境管理：生物多样性法》有关规定承担生物勘探对环境造成影响的减弱或修复费用；④未经环境与旅游事务部书面同意，不得将所涉资源出售、捐赠或转让给第三方。

出口研究许可证仅由条例第 6 条规定的发证机关（环境事务执行理事会成员，Member of Executive Council Responsible for Environmental Affairs，MEC）签发，且须符合公共利益，包括：第一，南非生物多样性保护；第二，南非经济发展；第三，南非人民和组织的科学知识和技术能力提升。出口研究许可证应当明确许可有效期、拟议资源名称、资源数量和来源。发证机关应当对符合下列条件的情形发放出口研究许可证：①拟议资源仅限于证书规定的非商业用途；②拟议资源不得用于生物勘探目的；③申请人依法承担生物勘探对环境造成影响的减弱或修复费用；④未经发证机关书面同意，不得将拟议资源出售、捐赠或转让给第三方

---

① 《国家环境管理：生物多样性法》将"生物勘探"（bioprospecting）定义为：为商业或者产业目的对本土生物资源进行研究、开发或者应用。具体包括：资源系统研究、采集、收集、分离纯化、利用土著社区的传统用途信息，以及研究、应用、开发或者修改传统用途。

（第三方将拟议资源用于生物勘探目的的，发证机关有权不予同意）；⑤申请人应当按照发证机关规定的期限和文本格式报告现状。

出口生物勘探许可证签发的条件与出口研究许可证的一致。出口生物勘探许可证应规定许可有效期、拟议本土生物资源名称、资源数量和资源来源。环境与旅游部应当在下列情形下发放出口生物勘探许可证：①按照《国家环境管理：生物多样性法》有关规定将惠益分享协议约定的所有货币惠益缴存至生物勘探信托基金；②申请人按照规定的格式提交年度报告；③申请人按照《国家环境管理：生物多样性法》有关规定承担生物勘探对环境造成影响的减弱或修复费用；④未经环境与旅游事务部书面同意，不得将所涉资源出售、捐赠或转让给第三方。

（二）MTA2008 和 BSA2008

2008 条例明确规定了"材料转移协议"（以下称"MTA2008"）和"惠益分享协议"（以下称"BSA2008"）的定义、内容和文本格式。所谓 MTA2008，是指生物勘探的申请人和个人、政府机构或社群按照条例附录规定的形式签订的提供或同意获取本土生物资源的协议。BSA2008 是指生物勘探的申请人和利益相关方按照条例附录规定的形式签订，并且规定了利益相关方在生物勘探中应得惠益份额的协议。这就意味着，MTA2008 或者 BSA2008 的文本内容和具体格式由条例及其附录予以规定。在协议当事人方面，MTA2008 和 BSA2008 略有不同。除生物勘探申请人外，在 MTA2008 中另一当事人是个人、政府机构或者特定社群，而在 BSA2008 中则是"利益相关方"这一模糊对象。根据《国家环境管理：生物多样性法》第 82 条的规定，BSA2008 的"利益相关方"应当包括提供本土生物资源的人、政府机构或者社群以及土著社区。由此可见，BSA2008 的当事人要比 MTA2008 的范围更广。

按照 2008 条例进一步明确了《国家环境管理：生物多样性法》第 84（1）（b）条有关材料转移协议和惠益分享协议内容的规定。MTA2008 应当包含 7 项内容：①本土生物资源的提供者和出口者或者接受者的详细情况；②拟提供或供获取的本土生物资源类型；③收集、获取或者提供的本土生物资源的区域或者来源；④提供、收集、获取或者出口的土著生物资源的数量；⑤拟出口的本土生物资源的使用目的；⑥当前对土著生物资源的潜在用途；⑦接受者向第三方提供此类生物资源或者其后代应遵守的条件。BSA2008 应约定：①与生物开发活动有关的本土生物资源类型；②收集或获取本土生物资源的区域或者来源；③拟收集或者获取的本土生物资源数量；④土著社区对本土生物资源的传统利用；⑤当前对本土生物资源的潜在用途；⑥当事各方的名称；⑦为生物开发目的而利用或者开发本土生物资源的方式和范围；⑧利益相关方分享由生物开发活动所产生惠益的方式和范围；⑨随着生物开发活动的进展而由当事人对该协定的定期审查；⑩其他约定。

2008 条例第 10 条第 3 款规定，获取人应当在提出生物勘探许可或出口生物勘探许可申请时，提交材料转移协议或惠益分享协议。如果没有和提供人达成协议的，环境与旅游事务部有权要求并监督利益相关方平等谈判，达成协议。环境与旅游事务部部长应按照《国家环境管理：生物多样性法》相关规定批准当事人签订的 MTA2008 和 BSA2008，以及它们的修订版本。环境与旅游事务部部长在审批协议或者其修订版本时，应当确保协议当事人各方平等和公平，可以要求任一个人提供与协议相关的技术咨询，可以向公众征集协议除保密信息以外内容的意见和建议。生物勘探的申请人应当在协议或者其修订版本达成之日起一个月内，向生物开发信托基金总干事提交协议或其修订案的复本。

当事人签订的 BSA2008 应当包含以下两项惠益：一是提升个人、政府机构、社群或土著社区保护、利用和开发本土生物资源的科学知识和技术能力；二是促进本土生物资源保护、可持续利用和开发的其他活动，否则环境与旅游事务部部长可以作出不予批准的决定。

值得注意的是，如果生物勘探者已经履行了审批和惠益分享义务，那么生物资源相关商业产品的贸易活动免于 2008 条例规定的许可和惠益分享义务。也就是说，只有在采集、研究、出口、商业开发等四类活动中需要履行获取与惠益分享义务，而相关产品的流通环节免于获取与惠益分享义务。

二、2015 条例

由于南非政府部门职能调整，成立环境事务部，并于 2015 年对 2008 条例进行了修订，发布实施新的《生物勘探、获取与惠益分享条例》（以下简称"2015 条例"）。与 2008 条例相比，2015 条例将立法目的调整为：规定任何本土遗传和生物资源相关生物勘探活动在发现阶段的备案（notification）程序，规定《国家环境管理：生物多样性法》有关本土遗传和生物资源生物勘探、出口生物勘探和出口研究的许可制度，进一步明确惠益分享协议和材料转让协议的形式与内容、要求和标准，明确生物勘探信托基金的监管程序。

2015 条例适用于：①利用本土遗传和生物资源进行生物贸易，或者进行药物、补充药物、食品、工业酶、食物香精、香料、化妆品、染料、油脂、色素、提取物和精油等研究、应用或开发的商业部门或工业部门；②利用本土遗传和生物资源相关传统知识进行生物贸易，或者进行药物、补充药物、食品、工业酶、食物香精、香料、化妆品、染料、油脂、色素、提取物和精油等研究、应用或开发的商业部门或工业部门；③出口南非本土遗传和生物资源进行研究，从而产生科学数据的非商业部门。

"材料转移协议"的定义被修订为"许可申请人和《国家环境管理：生物多样性法》第 82（1）（a）条规定的利益相关方（个人、政府机构或社群）按照条例附录规定的形式签订的提供或同意获取本土遗传和生物资源的协议"。"惠益分享协议"也被修订为"许可申请人和《国家环境管理：生物多样性法》第 82（1）（a）、（b）条规定的利益相关方（个人、政府机构或群体和土著社区）按照条例附录规定的形式签订，并且规定了利益相关方在生物勘探中应得惠益份额的协议"。2015条例将"生物贸易"定义为"以进一步商业开发为目的，销售或购买经研磨的、粉碎的、干燥的、切片的或提取的本土遗传和生物资源"。

生物贸易许可（biotrade permit）。在南非境内从事生物贸易的，应当取得发证机关颁发的生物贸易许可。生物贸易许可适用于南非本土遗传和生物资源出口活动。申请人须按照附录"生物勘探许可或生物贸易许可或生物贸易和生物勘探许可申请表"规定的格式提交申请，同时提交以下材料：①利益相关方事先同意证明；②材料转移协议；③惠益分享协议；④如果没有前述两项协议的，应提交一份申请由发证机关斡旋双方（申请人和利益相关方）达成协议的请求书；⑤规定的申请费用。生物贸易许可及其标的物的转让，应当按照规定的申请表格式办理申请，同时提交转让人的转让同意书和申请费。

生物勘探许可（bioprospecting permit）。在南非境内从事本土遗传和生物资源的生物勘探的，应当取得发证机关颁发的生物勘探许可。生物勘探许可适用于南非本土遗传和生物资源出口活动。申请人须按照附录规定的格式提交申请，同时提交以下材料：①利益相关方事先同意证明；②材料转移协议；③惠益分享协议；④如果没有前述两项协议的，应提交一份申请发证机关斡旋双方（申请人和利益相关方）达成协议的请求书；⑤申请费。

生物贸易和生物勘探许可（integrated biotrade and bioprospecting permit）。在南非境内同时从事生物贸易和生物勘探的，应当取得发证机关颁发的生物贸易和生物勘探许可。该许可适用于南非本土遗传和生物资源出口活动。申请人须按照附录规定的申请表格式提交申请，同时提交以下材料：①利益相关方事先同意证明；②材料转移协议；③惠益分享协议；④如果没有前述两项协议的，应提交一份申请由发证机关斡旋双方（申请人和利益相关方）达成协议的请求书；⑤申请费。

出口研究许可（export permit for research other than bioprospecting）。为研究而从南非出口本土遗传和生物资源的，应当取得发证机关签发的出口研究许可。申请人须按照附录规定的申请表格式提交申请，同时提交以下材料：①标的物详细说明；②标的物数量说明；③标的物来源说明；④出口目的；⑤规定的申请费。

各类型许可证均有法定内容和格式，分别由 2015 条例的附录规定。许可有效期最短 5 年，可以申请续期。例如，"发现阶段出口许可申请表""生物贸易许可申请表""生物勘探许可表""生物贸易和生物勘探许可申请表""出口研究许可申请表"等。

环境事务部部长有权签发发现阶段出口许可、生物贸易许可、生物勘探许可和生物贸易和生物勘探许可。环境事务执行理事会成员负责签发出口研究许可。

材料转移协议由拟获取资源的申请人和《国家环境管理：生物多样性法》第82（1）（a）条规定的利益相关方，即个人、政府机构或社群，按照附录规定的格式签订。环境事务部部长应当依据《国家环境管理：生物多样性法》第84（2）条的规定，核准材料转移协议及其修订。如果利益相关方是一个社群，则社群应当按照附录规定的"社群决议"的格式，授权其代表签订材料转移协议。

惠益分享协议由拟获取资源或传统知识的申请人和《国家环境管理：生物多样性法》第82（1）（a）和（b）条规定的利益相关方按照附录规定的协议范本签订，即个人、政府机构、社群和土著社区。如果无法确定利益相关方，则由环境事务部总干事和申请人签订惠益分享协议。惠益分享协议应至少包含以下一项惠益，否则环境事务部部长不予批准：①本土遗传和生物资源保护；②支持深入研究本土遗传和生物资源以及传统知识；③增强保护、利用和开发本土遗传和生物资源的科学知识和技术能力；④其他促进本土生物资源保护、持续利用和发展的惠及南非的活动；⑤改善社群生计和提升社群或个人技术能力。

环境事务部部长在审批惠益分享协议时，应当确保对当事双方而言惠益分享协议是公平和平等的，可以向专业人士咨询惠益分享协议相关技术问题，也可以向公众征求除保密信息以外内容的意见。如果利益相关方是一个土著社区，则土著社区需要授权其代表签订协议。

第二节　南非生物遗传资源协议

一、2008 模式协议范本

（一）MTA2008

1．文本结构

MTA2008 包含"注释"和协议正文。"注释"部分共有 4 条，分别依次规定协议适用的"适格"主体，即当事人①、涉及多名利益相关方的情形、格式以及签名要求。值得注意的是，"注释"部分对涉及 2 名及以上利益相关方的情形的规定，即要求申请人应当与每一利益相关方单独签订 MTA2008。

---

① 即许可申请人和《国家环境管理：生物多样性法》规定的"提供本土生物资源的个人、政府机构或社群、土著社区"。

协议正文共 8 条，分别是"本土生物资源接受人"（第 1 条和第 2 条）、"本土生物资源提供人"（第 3 条）、"本土生物资源"（第 4 条）、"本土资源当前的潜在用途"（第 5 条）、"出口目的"（第 6 条）、"第三方"（第 7 条）、"完全合意"（第 8 条）。

2．核心内容

MTA2008 适用于南非本土生物资源，同时将使用者——"本土生物资源接受人"——区分为"法人"和"自然人"。不同的接受人需要提供不同的身份识别信息。例如，"法人"需要填写"组织或机构名称""组织或机构注册号""组织或机构联系信息（含地址、电话、传真等）""组织或机构联系人""联系人职务"等。"自然人"需要填写"姓名""身份证件代码""联系信息（如地址、电话、传真等）"等。本土生物资源的提供人需要填写"姓名""职务""委托代理人名称""联系信息（如地址、电话、传真等）"等身份识别信息。

MTA2008 第 4 条约定了拟获取的本土生物资源。当事人应将拟获取资源的类型、分类学信息、采集部位、采集数量、采集地地理信息等填写在表 3-1 中。

表 3-1　MTA2008"本土生物资源"清单

资源类型	科属种（学名或常用名）	采集部位	采集数量	采集地（GIS）

第 5 条填写协议所涉本土生物资源的拟议用途。

第 6 条对本土生物资源的出口目的进行了约定，需要填写出口目的。

第 7 条约定接受人将协议所涉资源及其子代转让给第三方时应当遵守的条件。要求接受人承诺采取一切合理预防措施，防止任意第三方未经提供人授权而占有拟议资源。

第 8 条为一般性条款，申明签署的协议是当事人的完全合意行为，并约定协议的任何附加、改变、撤销，或者任何权利的放弃，须经当事双方书面委托或签字方能生效。

（二）BSA2008

1．文本结构

BSA2008 在文本结构上与 MTA2008 相仿，由"注释"和协议正文构成。"注释"部分的内容和 MTA2008 相同。

BSA2008 正文共 12 条，分别是"许可申请人"（第 1 条和第 2 条）、"本土生物资源提供人"（第 3 条）、"土著社区"（第 4 条）、"本土生物资源类型和数量"（第 5 条）、"本土资源当前的潜在用途"（第 6 条）、"本土资源的预期用途"（第 7

条)、"传统用途或知识"(第 8 条)、"惠益的分享"(第 9 条)、"惠益支付"(第
10 条)、"协议审查"(第 11 条)、"其他事项"(第 12 条)。

2. 核心内容

BSA2008 对当事人的信息要求与 MTA2008 一致。特别地,如果 BSA2008 所
涉本土生物资源系土著社区所有,或者涉及土著社区的传统知识,则需要对土著
社区概况进行描述,填写土著社区代表的姓名、职务和联系信息如地址、电话、
传真等信息。同时,土著社区应当以书面形式证明其全面知悉生物勘探项目,同
意达成并授权其代表签署 BSA2008。该书面证明须作为协议的附件,具有同等法
律效力。

第 5 条约定了本土生物资源类型、数量和来源,当事人需要填写的信息与
MTA2008 相关要求相同(表 3-1)。关于资源用途,除本土生物资源的拟议用途外,
BSA2008 还要求填写"预期用途",即"以生物勘探为目的的应用或开发的方式
和程度"。

第 8 条要求当事人对土著社区有关拟议资源的传统知识进行描述。

第 9 条明确约定拟分享的惠益内容。在惠益分享环节,BSA2008 将提供者即
接收惠益的当事人区分为土著社区和非土著社区。针对不同的提供者,BSA2008
均列举了多种非货币、货币和实物惠益,供当事人选择和商定。土著社区适用
表 3-2 所列惠益,非土著社区适用表 3-3 所列的惠益。当事人需要在选定的惠益
中列明"受益人"和"惠益范围"。

第 10 条约定了惠益的支付方式。要求将协议产生的所有惠益缴存至《国家环
境管理:生物多样性法》第 85 条设立的生物勘探信托基金。

表 3-2 BSA2008 土著社区惠益清单

项目	备注	项目	备注
持续交流生物勘探项目的目标、方法和结果,以及将其译成当地语言		提供计划书、报告和出版物的复印件	
以当地语言译出简单的、流行的海报、手册、宣传小册子和其他材料		认同和发扬传统知识	
作为出版物的共同作者		保存标本	
获取研究数据		提供社区发展和环境教育项目资助	
提供照片和幻灯片复印件		费用(如咨询、助理、向导、设施设备使用)	
囊括当地合作者、助手、向导和信息报告员的研究		许可费	
提供给当地人适当的科学、法律和管理培训		预付费	
设备和基础设施支持		进度付费	
知识产权共同所有权人		其他财务惠益	
其他非资金惠益		其他资金惠益	

表3-3   BSA2008非土著社区惠益清单

项目	备注	项目	备注
给予资源的非当事人承认		国家机构的凭证标本	
研究结果和论文复印件		南非人参与研究	
支持生物多样性保护		南非人获取国际藏品	
物种编目		认同和发扬传统知识	
培训和资助学生		社区发展项目	
科学能力发展		环境教育	
技术转让		费用	
联合研究		许可费	
信息		预付费	
设备和基础设施		进度付费	
其他非资金惠益		其他资金惠益	

第11条约定协议的审查期限。生物勘探许可证的持证人应当提前一个月向所有利益相关方披露生物勘探相关信息，便于利益相关方在事先知情的基础上参与审查。

第12条规定当事人可以对BSA2008未尽事宜进行充分协商，并将双方共识作为BSA2008的附件。协议达成后，应在一个月内将复本提交给环境与旅游事务部总干事保存。申明协议之签署为当事双方完全合意行为，任何附加、改变、撤销，或者任何权利的放弃，须经当事双方书面委托或者签字才能生效。

（三）2008模式述评

2008条例作为《国家环境管理：生物多样性法》的下位法，进一步对行政许可、MTA2008、BSA2008进行了十分细致的规定。特别是将行政许可明确为三种类型，即生物勘探许可、出口研究许可和出口生物勘探许可。生物勘探项目需要取得"生物勘探许可"才能进行除"研究"以外的"发现"和"商业化"活动。"研究"是指纯粹学术研究机构主办的以产生科学知识为目的的本土生物资源系统收集、研究或调查活动，同时排除偶然性的调查和搜集。换而言之，任何非纯粹学术研究的本土生物资源"发现"和"商业化"活动，都需要申请生物勘探许可证。出口本土生物资源的，则需要区分是研究目的还是生物勘探目的，分别申请出口研究许可或者出口生物勘探许可。无论申请何种许可，都需要将MTA2008和BSA2008提交给环境与旅游事务部审批。

1. 当事人

MTA2008和BSA2008将申请人区分为法人和自然人，而对提供人未作相应区分，仅BSA2008考虑到了"土著社区"作为提供人的情形。实质上，《国家环境管理：生物多样性法》已经对"提供人"进行了界定，明确为"政府机构""社群""土著社区""自然人"4类。涉及"土著社区"的,由土著社区授权其代表谈判达成并签署协议。

对于协议另一当事人即"本土生物资源接受人"或者"许可申请人",2008条例将其细分为以下3种类型。

① 南非法人,即依照南非法律注册的法人;

② 南非自然人,包括南非公民和永久居民;

③ 非南非法人或者非南非自然人。

非南非法人或者非南非自然人须与南非法人或者南非自然人联合申请许可证,以及签订相关协议。

2．标的物

"本土生物资源"是MTA2008和BSA2008的共同标的物,均要求如实申明资源类型、名称、部位、数量和采集地。《国家环境管理:生物多样性法》将"本土生物资源"解释为:

① 本土物种的任何活体或死体动物、植物或其他生物体;

② 此类动物、植物或其他生物体的任何衍生物;

③ 此类动物、植物或其他生物体的任何遗传材料。

所谓"本土物种",是指"生长在或历史上生长在南非共和国境内自由的自然状态下的物种,但不包括因人类活动而引入南非的物种"。

上述生物资源无论是从野生环境中收集还是从其他来源获取,包括通过各种生物技术手段栽培、育种、圈养、驯化或改造的本土物种的动物、植物或其他生物体;也包括任何本土物种或任何动物、植物或其他生物体的变种、品种、菌株、衍生物、杂交种或繁殖材料;还包括任何无论是从野生环境收集还是从其他来源获取的外来生物资源,只要其利用生物技术已经将前述任何本土物种或生物体中发现的遗传材料和化学成分进行了改造。"人体来源的遗传材料""未利用本土生物体进行改造的外来生物体""ITPGRFA所列举的本土生物资源"等3类"本土生物资源"不适用于《国家环境管理:生物多样性法》、2008条例及MTA2008和BSA2008协议。

显然,"本土生物资源"这一标的物的范围十分广泛,除生物体和遗传材料本身外,延展至衍生物。而生物体或遗传材料本身又包括了南非自然分布的、原产的,以及人为引进且结合了南非本土遗传材料的生物体和遗传材料。此外,BSA2008还要求对本土生物资源相关的"传统用途或知识"进行说明,但是没有直接将传统知识作为协议的标的物。

3．用途

MTA2008要求约定标的物的拟议用途。如果需要出口的,还需要说明出口的用途即研究或者生物勘探。除拟议用途以外,BSA2008还要求约定"预期用途",即标的物"以生物勘探为目的的使用或者开发的方式和程度",这是对利用的方式方法和预期成果的事先说明。

4．第三方转让条件

MTA2008 没有对申请人向任意第三方转让"本土生物资源或者其子代"的条件进行明确且细致的规定，而是保留了完全的灵活性，由当事人自行约定。同时，MTA2008 要求申请人承诺防止未经授权的转让行为。于 BSA2008 而言，因其关注重点在于"惠益"，不涉及"本土生物资源"的"转让"活动，故没有规定"第三方转让"相关条款。

5．惠益类型及其支付方式

惠益类型和支付方式是 BSA2008 的重点内容。BSA2008 将提供人划分为土著社区和非土著社区，分别列举了多种非货币、货币和实物惠益。对于土著社区，有出版物共同作者等 7 种非货币惠益、许可费等 5 种货币惠益、基础设施建设等 5 种实物惠益可供选择；对于非土著社区而言，则有南非人参与研究等 12 种非货币惠益、许可费等 4 种货币惠益、基础设施建设等 4 种实物惠益可供选择。此外，当事双方也可以另行商定其他货币、非货币或者实物惠益。

BSA2008 要求将货币惠益全数纳入生物勘探信托基金，再由基金管理者——环境与旅游事务部总干事——依照《国家环境管理：生物多样性法》和《公共融资管理法》的规定进行管理。基金的所有支出都应支付给利益相关方，或者为利益相关方的利益而支付。

对于非货币惠益和实物惠益，《国家环境管理：生物多样性法》、2008 条例和 BSA2008 没有要求纳入生物勘探信托基金监管。当事人可以按照自行约定的受益人和惠益内容进行处置。

二、2015 模式协议范本

（一）MTA2015

1．文本结构

2015 条例规定的材料转移协议（以下称"MTA2015"）系 MTA2008 的全面修订和更新，更加符合民事合同的体例规范，内容上也更加符合《名古屋议定书》对"共同商定条件"和"示范合同条款"的规定。

MTA2015 由"注释"、"许可证编号"和协议正文组成，增加《国家环境管理：生物多样性法》作为制定依据。环境事务部在审批 MTA2015 时，应当将发证机关签发的许可证件编号填写在协议的显著位置。

MTA2015 将当事人的名称、地址和代表人等信息纳入协议标题，表明材料转移协议系由具体当事双方所签署的。正文包括"获取与事先同意"、"本土遗传和生物资源接受者"、"本土遗传和生物资源提供者"、"本土遗传和生物资源"（规格）、

"权利与义务"、"第三方转让"、"本土遗传和生物资源"（具体所指）、"获取目的"、"完全合意"、"违约和终止"、"签名"等内容。

2. 核心内容

"获取与事先同意"部分共 4 条，主要明确接受者获取的资源类型（如本土遗传和生物资源的部分、提取物或衍生物）、获取方式（如收集、采集、收获、繁殖、繁育）、来源地（如某省某地）、用途（如产品开发、产品生产、转售、商业开发）、终端产品名称等。同时，当事人承诺秉持相关国际法和国内法精神，忠实履行协议。

在"本土遗传和生物资源接受者"信息的填写格式上，不再是"法人"和"自然人"分别对应填写相应栏目，而是将两者合为一栏。同时，提供"依照南非法律确认的注册公司或自然人"选项，供法人或自然人勾选并填写自己的名称，再依次对应填写"注册号"和"联系信息与联系人"。MTA2015 对"本土遗传和生物资源提供者"信息进行了简化，不再填写"联系人职务"信息。此外，这种格式条款安排，也明确了外国注册的公司或者外国公民不能直接获取南非"本土遗传和生物资源"，只能与南非法人或者南非公民合作获取，再由其南非合作者作为"本土遗传和生物资源接受者"，与提供者签订 MTA2015。MTA2015 增加了"土著社区"的选项，在协议中明确了"土著社区"作为提供者的法律地位。

"本土遗传和生物资源"共有两条，分别规定"资源范围"和"详细信息"。"资源范围"主要规定本土遗传和生物资源的部分、提取物或者衍生物，有意或无意转让的附着其上的其他本土遗传和生物资源，以及这些资源自然产生的任何遗传材料、生物分子和生物化学化合物。同时强调接受者需要履行的协议义务涵盖上述资源范围。所谓"详细信息"，主要列出协议所涉及的本土遗传和生物资源物种信息。例如，分类学信息、采集或利用部位、物理状态、利用数量、来源地地理信息等（见表 3-4）。与 MTA2008 相比，简化了分类学信息，增加了利用部位的"物理状态"，资源描述更加准确。

表 3-4　南非 MTA2015 "本土遗传和生物资源"清单

学名和常用名	利用部位	物理状态	数量	采集地（GIS）
范例：Aloe ferox Bitter aloe	叶片的汁液	晶体	100 千克	南纬××东经××；Mosselbaai

"权利与义务"主要约定接受者利用本土遗传和生物资源时应承担的义务。例如，向提供者独家采购资源的义务，申请知识产权、改变用途、资源繁育等的先决条件。接受者应当使用提供者独家供应的资源从事特定用途的利用活动。接受者在事先得到发证机关书面同意后，可以对利用资源的新方法和资源制备、生产、制造的新过程申请专利或者其他知识产权。接受者应当经提供者事先同意并达成惠益分享协议后，才能将资源用于其他用途，包括对资源新的和有用的特性进行

研究和开发。接受者不得对资源进行任何形式的复制，除非事先得到发证机关和提供者的同意，并且达成共同商定的条件。

"第三方转让"规定了接受者向第三方出售或转让资源的前提条件，即受让人全面承担协议赋予接受者的权利和义务。

"获取目的"部分仅要求明确资源的获取目的，而摒弃了MTA2008中区分为"潜在用途"和"出口目的"的做法。

"完全合意"除继承MTA2008中对"完全合意"的约定外，还明确了环境事务部总干事在协议附加、改变、撤销或者权利放弃等程序中的权责，也要求当事人在规定期限内将协议复印件交由环境部总干事保存。

"违约和终止"约定当事人的违约责任和救济措施，具体包括：通知违约方限期整改、诉讼和撤销协议。

（二）BSA2015

1．文本结构

2015条例规定的惠益分享协议（以下称"BSA2015"）与BSA2008相比，在体例、篇章结构、内容上都作出了重大调整。BSA2015体例也更符合民事合同的一般范式，篇章结构更加严谨，内容更加丰富。BSA2015摒弃了BSA2008将"本土生物资源"和传统知识合并处理的模式，将它们拆分为两个独立但相互联系的文本，将"传统知识"的惠益分享协议（以下称"BSA2015-TK"）附在"本土遗传和生物资源"合同（以下称"BSA2015-GR"）之后，同时商定、签署、审批和交存。其中，BSA2015-GR突出了本土遗传和生物资源提供者的法律地位，BSA2015-TK突出传统知识持有人的法律地位。在内容上，BSA2015-GR包含"本土遗传和生物资源接受者""本土遗传和生物资源提供者""本土遗传和生物资源""惠益分享""惠益支付""协议审查""第三方转让""其他事项""违约和终止""签名"等。在此基础上，BSA2015-TK作出了相应的修改或增加，如"本土遗传和生物资源相关传统知识持有人""土著社区""本土遗传和生物资源的传统用途""惠益分享"等。

2．核心内容

BSA2015对"本土遗传和生物资源接受者"或者"本土遗传和生物资源相关传统知识使用者"信息不再区分"法人"和"自然人"，而是将两者合一，统一界定为"依照南非法律确认的注册公司或自然人"。不同主体在填写时，可以根据自身情况勾选，并填报对应信息如名称、注册号、联系信息和联系人等。此外，BSA2015-TK专门要求填写"本土遗传和生物资源相关传统知识持有人"相关信息，如名称、联系信息、代理人信息等，以及对相关土著社区进行描述。BSA2015-GR对"本土遗传和生物资源提供者"信息进行了简化。

"本土遗传和生物资源"主要列出协议所涉及的本土遗传和生物资源物种信

息。例如，分类学信息、采集或利用部位、物理状态、利用数量、来源地地理信息等（见表 3-5）。与 BSA2008 相比，简化了分类学信息，增加了利用部位的"物理状态"，资源描述的准确性更高。

表 3-5　南非 BSA2015 "本土遗传和生物资源" 清单

学名和常用名	利用部位	物理状态	数量	采集地（GIS）
范例：*Aloe ferox* Bitter aloe	叶片的汁液	晶体	100 千克	南纬××东经××； Mosselbaai

"惠益分享"是 BSA2015 的重要内容。BSA2015 分别为资源提供者和传统知识持有人列举了不同的惠益类型，包括非货币、货币和实物等形式。表 3-6 为 BSA2015-GR 中列举的惠益，适用于资源提供者。表 3-7 为 BSA2015-TK 中列举的惠益，适用于传统知识持有人。

表 3-6　BSA2015-GR 惠益清单

项目	备注	项目	备注
给予资源的非当事人承认		国家机构的凭证标本	
研究结果和论文复印件		南非人参与研究	
支持生物多样性保护		南非人获取国际藏品	
物种编目		认同和发扬传统知识	
培训和资助学生		社区发展项目	
科学能力发展		环境教育	
技术转让		费用	
联合研究		许可费	
信息		预付费	
设备和基础设施		进度付费	
其他		其他资金惠益	

表 3-7　BSA2015-TK 惠益清单

项目	备注	项目	备注
生物勘探项目、方法、成果的持续交流，并翻译成当地语言		提供项目书、报告和出版物复印件	
以当地语言印制简单易懂的海报、指南、宣传册子和其他材料		传统知识或用途的认同和发扬	
出版物共同作者		标本保存	
获取研究数据		发展与环境教育项目补贴	
照片和演示文稿复印件		费用（如咨询、主助理、向导、设施设备使用）	
当地合作者、助理、向导和信息报告人参与研究		许可费	
培训当地人科学、法律和管理知识		预付费	
提供设备和设施		进度付费	
知识产权共同所有		其他资金惠益	
其他			

"惠益支付" 在 BSA2015-GR 和 BSA2015-TK 中有所不同。BSA2015-GR 要求除直接支付的费用外，协议所产生的货币惠益和提供者应得货币惠益应当缴入生物勘探信托基金。BSA2015-TK 则要求协议所产生的、任一当事人所享的货币惠益都应当纳入生物勘探信托基金。两份合同范本都规定，协议依法——《公共财政管理法》——作为 "提供者" 或 "传统知识持有人" 所得货币惠益的 "信托契约"。

"协议审查" 在 BSA2015-GR 和 BSA2015-TK 中作出了相同的规定。当事人可以自行约定审查期限，并视需要对协议作出修改。两者关于 "第三方转让" 的条款也是相同的，即：未经 "提供者" 或 "传统知识持有人" 书面授权，接受者不得将本土遗传和生物资源或传统知识转让给第三方。

（三）2015 模式述评

南非 2015 模式是在历经多年获取与惠益分享管理实践基础上，对 2008 模式的重大调整和完善。2015 模式是在《名古屋议定书》生效之后进行的，因而对协议管理的标的物重新进行了界定，由 "本土生物资源" 调整为 "本土遗传和生物资源"，增加了生物体部分、提取物、衍生物等调整对象。最为重要的是，2015 条例将使用者对 "本土遗传和生物资源" 的 "生物勘探" 划分为 "发现阶段" 和 "商业化阶段"。在 "发现阶段"，设置了备案和行政审批程序，即 "生物勘探发现阶段备案" 和 "发现阶段出口许可"。在 "商业化阶段"，设置三类行政许可，即 "生物贸易许可"、"生物勘探许可" 和 "生物贸易和生物勘探许可"，分别适用不同情形的 "生物勘探"。此外，对出口 "本土遗传和生物资源" 用于非生物勘探的研究活动，还设置了 "出口研究许可"。无论是申请办理备案还是行政许可，申请人（使用者）都应当向环境事务部部长提交 MTA2015 和 BSA2015，并经审批后生效。

与此同时，2015 模式对材料转移协议和惠益分享协议进行了大幅度的修订。具体如下。

1. 协议当事人

MTA2015 和 BSA2015 将接受人明确为南非主体，即 "依照南非法律确认的" 法人或者自然人。无论是法人还是自然人作为接受人，都需要填写名称、注册或身份代码、联系人和联系信息。提供者和传统知识持有者同样明确为南非主体，但限于 "依照南非法律确认的" 自然人和土著社区，保障自然人或者土著社区作为 "本土遗传和生物资源" "传统知识" 持有人的事先知情同意权利和惠益分享权利。涉及土著社区的，还应由土著社区依照习惯法商定一致，授权其代表签订 MTA2015 和 BSA2015。

2. 标的物

2015 条例并未重新界定 "本土遗传和生物资源"，而是延续使用《国家环境管理：生物多样性法》对"本土生物资源"的定义。"本土遗传和生物资源"是 MTA2015 和 MTA2008 共同的标的物，需要记录的信息基本一致。相较而言，MTA2015 需要约定的标的物信息略为详尽，需要明确资源类型，即生物体部分、提取物或者衍生物。此外，除本土遗传和生物资源本身以外，其自然产生的遗传材料、生物分子、生物化学化合物，以及附着其上的其他本土遗传和生物资源，都是 MTA2015 的标的物。

MTA2015 和 BSA2015-GR 除对资源的识别信息进行约定外，并没有涉及"本土遗传和生物资源"相关传统知识，这部分由 BSA2015-TK 专门约定。BSA2015-TK 要求申请人逐一列出合同所涉及的每一种本土遗传和生物资源的传统用途知识。2008 条例曾对"传统用途或知识"（traditional use or knowledge）进行界定，即"土著社区依照其传统上遵守、接受和承认的书面或者非书面规则、惯例、习惯或者实践所持有的本土生物资源的习惯用途或知识，包括土著社区对相关本土生物资源的发现"。2015 条例则在此基础上进行了调整，明确"传统用途或知识"的持有人除"土著社区"外，还有"特定个体"（specific individual），赋予个人和土著社区对于传统知识的同等权利。"特定个体"所持有的传统知识也是 BSA2015 的标的物。

3. 事先知情同意

《名古屋议定书》规定的"事先知情同意"原则，在 MTA2015 中得到了显著体现。协议开篇申明"获取与事先同意"，其本质上等同于申请人披露本土遗传和生物资源性状、用途、来源地、取得方式、目的地以及终端产品相关信息。"事先知情同意"成为了申请人和提供者之间的民事合意行为，同时当事人也将相关信息披露给国家主管部门。

4. 权利与义务

MTA2015 约定了接受者和提供者的特定权利和义务，诸如原材料独家采购义务、有限知识产权要求、用途转变前置条件、限制资源繁育等。接受者向提供者独家采购原材料，能够保障提供者在原料供应链上的权益，防止接受者在获取初始原料后转而从其他供应商处取得生产或销售所需原料，规避合同义务。有限知识产权是对接受者和提供者双方权益的平衡，既保障接受者基于资源的知识创造所产生的权利，也保障提供者对其资源本身的权利。取得提供者事先同意并达成新的 BSA2015 是资源用途转变的前置性条件，特别是当使用者发现了资源新的、有用的特性时，更能保障提供者的权益。限制资源在未经提供者事先同意并达成协议的情形下进行资源繁育，也是对提供者及其权益的有力保障。

5. 第三方转让条件

2015 条例仅对通过"生物贸易许可"取得的本土遗传和生物资源的转让程序进行了规定，而没有对通过生物勘探许可、生物贸易和生物勘探许可、出口研究许可、发现阶段备案等其他途径取得的资源的转让进行规定。在 MTA2015 中，接受者将本土遗传和生物资源转让给第三方时，受让人须全面承担接受者在MTA2015 中的权利和义务。在 BSA2015 中，接受者在没有取得资源提供者或者传统知识持有人书面授权的情形下，不得将本土遗传和生物资源或其相关传统知识转让给第三方。法律法规与合同相互配合，互为补充，共同规范了本土遗传和生物资源的第三方转让活动。

6．惠益类型及其支付方式

BSA2015 将惠益区分为货币、非货币和实物 3 种形式，并延续采用列举的方式列出可供资源提供者或者传统知识持有人选择的惠益类型。对于本土遗传和生物资源的提供者而言，无论自然人还是土著社区，可以在技术转让等 10 种非货币惠益、许可费等 5 种货币惠益、基础设施建设等 5 种实物惠益中进行选择，也可以由当事人自行约定其他货币、非货币或实物惠益。对于传统知识持有人而言，无论个人还是土著社区，可以在许可费等 5 种货币惠益、数据共享等 7 种非货币惠益、基础设施建设等 5 种实物惠益中进行选择，也可以由当事人自行约定其他非货币、货币或实物惠益。

在惠益的支付方式上，BSA2015-GR 和 BSA2015-TK 均要求相关货币惠益应缴纳至生物勘探信托基金，依照《公共财政管理法》的规定进行管理。但两者对哪些货币惠益纳入生物勘探信托基金有所不同。BSA2015-GR 要求协议产生的货币惠益和提供者应得的货币惠益缴存生物勘探信托基金，但是"直接支付的费用"除外。BSA2015-TK 则要求上缴"协议产生的、任一当事人所享的"货币惠益。按照《国家环境管理：生物多样性法》的规定，所有惠益都应缴存至生物勘探信托基金，再由基金分配给利益相关方。对于应上缴的货币惠益，BSA2015-GR 似乎排除了与"提供者应得惠益"对应的"使用者应得惠益"，而 BSA2015-TK 排除了"直接支付的费用"。

7．协议的修订程序

当事人可以在 BSA2015 中约定审查和修订协议的固定期限。当约定的期限到期时，许可证持证人应当提前一个月将需要更新的信息告知当事另一方。按照2015 条例的规定，MTA2015 和 BSA2015 的任何修订或更新都应该提交给环境部部长审批，并经审批后方能生效。BSA2015 关于定期评估和修订的约定尚缺乏与2015 条例的必要衔接，应当增加修订文本须提交给主管部门，并经审批生效的相关内容。在 MTA2015 中，没有发现类似的指导性条款。这可能主要是由于MTA2015 的修订或更改涉及标的物即本土遗传和生物资源的变更，属于重新办理审批手续范畴，而 BSA2015 可以容许当事人对具体惠益进行定期审查。

8．违约和终止

MTA2015 和 BSA2015 规定了协议的"违约和终止"条款，约定了当事人的止损措施，如通知改正、起诉和宣告终止协议，有效地维护了当事人的合法权利和权益。但是，如果当事一方宣告终止协议的，是否需要告知主管部门或者向主管部门申请，主管部门对单方宣告终止协议的又如何处理？MTA2015 和 BSA2015 都没有提供足够的指导。按照《国家环境管理：生物多样性法》和 2015 条例的规定，MTA2015 和 BSA2015 以及它们的修订本需要主管部门批准才可以生效，但是并没有明示宣告终止情形是否需要主管部门审批，存在着法律上的缺失。或许可以在 MTA2015 和 BSA2015 中约定争端解决相关内容，主管部门应对当事人的争端进行调解，从而弥补这种缺失。

9. 社群决议

"社群决议"（community resolution）是 2015 条例专门为"土著社区"和"社群"作为当事一方的情形提供指导的。"社群决议"记录了"土著社区"或者"社群"对生物勘探项目的讨论过程，以及授权相关代表签订 MTA2015 和 BSA2015。这为以集体作为当事一方参与协议谈判的其他国家制定类似制度创造了制度范例，可资借鉴。

第三节　经验与启示

《国家环境管理：生物多样性法》是南非生物资源获取与惠益分享制度体系的总纲，明确规定了获取与惠益分享事务的主管部门、行政许可、获取生物资源的一般程序、提供者类型，明确要求申请人需要将事先与提供人商定的 MTA 和 BSA 同时提交给主管部门审批，并对各项协议的内容、框架、生效条件等进行了明确的规定。同时，该法设立生物勘探信托基金，统一归集管理 MTA 和 BSA 所产生的、生物勘探申请人上缴的、利益相关方应得的所有货币惠益，并将货币惠益按照 BSA 当事人约定的受益人和受益范围进行分配。无论 2008 条例还是 2015 条例，都是对《国家环境管理：生物多样性法》"生物勘探"相关制度的详尽解释和具体执行。但相对于 2008 条例，2015 条例在维持其固有管理体制的基础上，重点对行政管理措施和模式合同进行了升级和细化，措施更明确，协议范本更具可操作性。

一、行政管理措施

南非获取与惠益分享的行政管理体制是由《国家环境管理：生物多样性法》确立的。环境主管部门承担获取与惠益分享管理工作，重点针对生物勘探项目的发现阶段和商业化阶段进行监管。2008 条例对生物勘探项目的发现阶段和商业化阶段均采取审批许可的管理模式，仅设置了出口研究许可、生物勘探许可和出口生物勘探许可等 3 类许可措施。2015 条例保留了出口研究许可，对生物勘探项目的发现阶段适用备案程序，同时对商业化阶段的行政许可进行调整，保留生物勘探许可，增设生物贸易许可与生物贸易和生物勘探许可。关于 MTA 和 BSA，2008

条例和 2015 条例都要求当事人达成一致后，提交给主管部门审批生效，不过在协议具体内容上存在很大差别。

二、标的物

《国家环境管理：生物多样性法》对"遗传材料""遗传资源""本土生物资源""生物勘探"等概念进行了界定，但两个版本的《生物勘探、获取与惠益分享条例》未对"本土生物资源"或"本土遗传和生物资源"进行界定。值得借鉴的是，2015条例补充了对资源利用的解释，详细列举了本土遗传和生物资源的诸多利用方式，如生物贸易、药品、食品、化妆品、工业原料、科学数据生产等。但本质上并未改变 2008 条例对协议标的物范围的界定。因此，2008 条例和 2015 条例界定的协议标的物实质上是一致的。将"本土生物资源"修改为"本土遗传和生物资源"或许只是为了保持与《名古屋议定书》适用范围的最大限度一致。

三、协议当事人

MTA 和 BSA 当事人是由《国家环境管理：生物多样性法》规定的，一方是生物勘探申请人（或许可申请人），另一方是"个人""政府机构""社群"或者"土著社区"。《生物勘探、获取与惠益分享条例》则对每一当事人进行了规定，申请人可以是南非法人或者自然人，抑或与南非法人或者自然人联合申请的外国主体；而另一当事人则可以是南非法人或者自然人，抑或社群或者土著社区代表。关于政府机构如何作为 BSA 和 MTA 当事一方，2008 条例和 2015 条例的管理措施有所区别。对于申请人没有与提供者达成 MTA 和 BSA 的，2008 条例和 2015 条例都要求主管部门监督双方平等谈判达成合同。但是对于无法确定提供者的情形，2015 条例进一步授权环境事务部，由环境事务部总干事和许可申请人签订BSA2015。无明确的资源或传统知识持有人情形在我国十分普遍，南非获取与惠益分享制度中指定某一主体作为提供者代表签订 BSA2015 的路径值得借鉴。

四、事先知情同意

当事人、标的物、用途、获取目的等信息的披露对提供者而言十分重要。MTA2008 对这些内容都有相应的条文约定，但信息量和可用性尚有不足。例如，"本土生物资源"只披露物种的名称、采集部位、采集数量、采集地地理信息等。如果标的物为提取物或者衍生物时，申请提取物贸易许可的申请人很可能不知道其物种基源，也不知道所使用物种基源的具体部位。在此情形下，MTA2008 的指导性就有所欠缺。此外，2008 模式对"拟议用途"和"出口目的"的规定，略显繁复和累赘。MTA2015 对此进行了全面修订，特别是在协议起始部分专门规定"获取与事先同意"。如明确约定资源是生物个体、部分还是其提取物或者衍生物；获取的具体方式是收集或者采集，还是繁殖或者繁育；具体使用目的是产品开发生产，还是销售抑或商业开发；最终产品的生产国和名称；等等。也就是说，申请人在"获取与事先同意"中几乎披露了资源在价值链上的全部信息。提供者和主管部门获得这些信息后，能够更加准确地追踪和监督资源的利用。

五、惠益分享安排

南非的获取与惠益分享制度为申请人和提供者创设了相当灵活的惠益分配方式。《生物勘探、获取与惠益分享条例》仅对惠益类型作了最低要求，而在 BSA 中为当事人列举了若干指导性惠益类型。2008 条例提出了两条最低惠益要求，即提升个人、政府机构、社群或土著社区保护、利用和开发本土生物资源的科学知识和技术能力，以及促进本土生物资源保护、可持续利用和开发的其他活动。2015 条例则对此进行了升级，要求至少包含以下一项惠益：①本土遗传和生物资源保护；②支持深入研究本土遗传和生物资源以及传统知识；③增强保护、利用和开发本土遗传和生物资源的科学知识和技术能力；④其他促进本土生物资源保护、持续利用和发展的惠及南非的活动；⑤改善社群生计和提升社群或个人技术能力。这些惠益符合《生物多样性公约》和《名古屋议定书》的目标，更是保障社会公共利益的重要惠益。因此，南非获取与惠益分享制度始终将其视为国家的惠益基线，作为主管部门审批生物勘探活动的充分且必要条件。

在确保国家惠益基线需求的基础上，BSA 确定了惠益的基本类型，即货币、非货币和实物，每种类型又列举 4～12 种具体形式供当事人商定。同时，BSA 也允许当事人酌情商定其他形式的惠益。BSA2015 大致维持了 BSA2008 所列举的指导性惠益的类型和形式，但对缴纳给生物勘探信托基金的惠益进行了修订。BSA2008 规定的缴纳对象是协议所产生的全部货币性惠益，而 BSA2015 则是"除直接支付的费用外，协议所产生的货币惠益和提供者应得货币惠益"。

六、第三方转让

2008 条例对申请人向第三方转让标的物即"本土生物资源或者其子代"给予了宽泛的规定，将具体的转让条件交由当事人自行商定。这种合同条款看似宽松灵活，但如果提供者的议价能力有限，或者谈判双方信息失衡，则容易导致提供者在后续转让活动中丧失对标的物后续利用的权益，也会致使政府对标的物的追踪和监测失效。2015 条例通过在协议范本中增加格式条款，即受让人须承担申请人基于协议的全部义务（MTA2015），申请人和提供者或者传统知识持有人就转让活动达成书面同意（BSA2015），弥补了这一制度漏洞。另外，这一修订保持了提供者权利和义务的相对稳定性、延续性和可控性，将转让活动纳入主管部门的监管视野之内。

七、争端解决

2008 条例最大的不足之一在于相对较弱的争端解决条款。MTA2015 和 BSA2015 通过"违约和终止"条款规定了通知改正、诉讼和宣告终止协议等救济措施，强化了协议分歧的争端解决机制。同时，在"获取与事先同意"部分约定了适用的法律法规和国际法，即《国家环境管理：生物多样性法》《生物勘探、获取与惠益分享条例 2015》《生物多样性公约》《名古屋议定书》，强化了协议分歧处理的法律确定性。

八、社群代表资质

《国家环境管理：生物多样性法》虽然规定了"社群"和"土著社区"作为提供者的法律地位，但是没有明确他们参与 MTA 和 BSA 协商的程序，及其代表人资格认定程序。2008 条例也没有对此给出明确、规范、可行的程式。2015 条例规定了社群代表认定程序，同时提供了独立的社群代表认定法定授权书范本以及规范的授权程序。这对于保障社群或者土著社区的集体权益，规范获取或转让行为十分重要。

九、传统知识特殊措施

MTA2015 没有将资源和传统知识的获取区别处理。BSA2015 将"本土遗传和生物资源"和"传统知识"的惠益分享区别处理，制定了不同的惠益分享合同范本，即 BSA2015-GR 和 BSA2015-TK。前者针对资源的惠益分享，后者应用于传统知识的惠益分享。两者体例大致相似，但在传统用途、惠益类型、支付方式、内容上有所区别。从 BSA2015-TK 的内容来看，或许因"传统用途"无形无相，标的物条款还是着落在"本土遗传和生物资源"。如前文所述，这种区分显然是立法者注意到了资源和传统知识在权属上的差异，区别对待有助于保障传统知识持有人——土著社区——的权益，但区分的实践效果值得深入研究。

十、资源新用途

MTA2015"权利与义务"条款对资源新用途的获取与惠益分享进行了规定，即未经提供者事先知情同意并签订 BSA2015，不得用于约定用途以外的其他用途，包括新的有用特性的研究和开发。这对提供者的权益保障十分重要，避免申请人未经许可的其他研究和开发行为。

第四章　埃塞俄比亚协议范本研究

埃塞俄比亚联邦民主共和国（以下简称"埃塞俄比亚"）位于非洲东北部，首都是亚的斯亚贝巴。东与吉布提、索马里毗邻，西同苏丹、南苏丹交界，南与肯尼亚接壤，北接厄立特里亚。国土面积近 110.36 万平方千米。埃塞俄比亚境内高原面积占全国面积的三分之二，地形地势复杂，高差较大，全国平均海拔近 3 000 米，素有"非洲屋脊"之称。埃塞俄比亚气候多变，雨量充沛，全国各地年平均降雨量 500～2 800 毫米不等。全国有 9 个州 2 个市共 11 个省级行政区，约 1.10 亿居民，阿姆哈拉语是埃塞俄比亚官方语言。埃塞俄比亚是非洲联盟成员国，也是世界最不发达国家之一，超过 83% 的人口从事农牧业，产品占国家出口贸易额 90%，占 GDP 的 45%，工业基础薄弱。出口产品主要包括咖啡、芝麻、皮革、花卉、活畜和黄金等。埃塞俄比亚是全球 25 个生物多样性丰富国家之一，全球 34 个生物多样性热点地区有两个位于其境内，即东非洲山区（Eastern Afromontane）和非洲之角（Horn of Africa）。复杂的地理、多变的气候孕育了丰富且独特的生物多样性，据估计，埃塞俄比亚境内约有高等植物 6 000 多种，其中超过 10% 为特有种；栖息着近 2 000 种脊椎动物。埃塞俄比亚是多种全球重要栽培作物的起源中心和多样性中心，绝大部分畜禽都是地方品种。埃塞俄比亚是《名古屋议定书》首批缔约方，也是联合国粮食及农业组织 ITPGRFA 成员，同时负有履行两部国际法有关遗传资源获取与惠益分享的法律义务。

第一节　埃塞俄比亚生物遗传资源获取与惠益分享管理制度

埃塞俄比亚为了保障国家和社区公平分享因遗传资源利用所产生的惠益，进而促进生物多样性资源的保护和可持续利用，于 2006 年颁布实施《关于遗传资源获取、社区知识和社区权利的第 482/2006 号公告》（以下简称"第 482/2006 号公告"）。第 482/2006 号公告适用于获取就地或者迁地遗传资源和社区知识，但不适用于埃塞俄比亚当地社区从事的遗传资源和社区知识习惯利用和交换活动，也不适用于生物资源消费品销售（不涉及遗传资源利用）。第 482/2006 号公告同时规定，遗传资源的所有权属于埃塞俄比亚政府和埃塞俄比亚人民，社区知识的所有权属于当地社区。按照第 482/2006 号公告第 37 条的要求，埃塞俄比亚政府部长理事会于 2009 年颁布实施《关于遗传资源和社区知识获取以及社区权利的第 169/2009 号部长条例》（以下简称"第 169/2009 号部长条例"），进一步明确了商业、非商业、ITPGRFA 多边系统三类获取和惠益分享规则与程序。

一、主管部门

按照第 482/2006 号公告规定，埃塞俄比亚生物多样性研究所（Ethiopian Biodiversity Institute[①]，EBI）是埃塞俄比亚遗传资源获取与惠益分享的主管部门（competent national authority），负责遗传资源和社区知识获取、勘探、出口、商业、非商业等活动的行政审批，承担与申请人商定获取协议、接收惠益、使用货币惠益等职能。

第 482/2006 号公告第 27 条集中规定了 EBI 的职责，主要包括追踪并确保获取活动依照本公告及其部长条例执行，收缴惠益并转交给受益人，制定获取协议合同范本，宣传本公告内容，收集、分析和分发使用者信息，查处违反本公告的违法行为，颁布指令并采取其他行动实施本公告，授权其他合法机构以便更好地履行 EBI 职责。第 169/2009 号部长条例对 EBI 的职责进行了完善和细化，如：发布实施指令，协调相关机构提供必要的技术支持，以及促进埃塞俄比亚遗传资源所有者将资源纳入 ITPGRFA 多边系统。

二、获取申请与审批

第 482/2006 号公告第 11、12、14、22 条对获取埃塞俄比亚遗传资源和社区知识需要履行的申请和行政许可进行了规定。获取遗传资源或者社区知识，应当取得 EBI 颁发的获取许可。除非有明确的约定，否则该许可只针对遗传资源或者社区知识进行单独授权。出口埃塞俄比亚遗传资源的，应当取得 EBI 颁发的出口许可。从事遗传资源保护的政府机构不需要取得 EBI 的许可。但未经 EBI 许可，政府机构不得将遗传资源或者社区知识转让给第三方或者出口境外。

获取遗传资源应当得到 EBI 的事先知情同意；获取社区知识应当得到当地社区的事先知情同意。政府和当地社区应当取得遗传资源和社区知识利用所产生惠益的适当份额。如果获取申请人是外国人，需要提供一份其所在国或居住国政府有权机关签发的证明信。遗传资源研究活动应当在埃塞俄比亚境内开展，同时须有 EBI 指定的埃塞俄比亚公民参与，除非在埃塞俄比亚无法开展的情况下可以例外。经许可在境外开展的研究活动，其赞助机构或者主持机构应当提交担保书，确保其遵守相关获取义务。

---

① 原生物多样性保护研究所，2013 年改为现名。来自埃塞俄比亚生物多样性研究所网站 http://www.ebi.gov.et/（2018 年 2 月 9 日浏览）。

申请人应向 EBI 提出书面申请，EBI 在事先知情同意的基础上，与申请人谈判达成遗传资源获取协议。获取社区知识时，EBI 应当在征得当地社区事先知情同意的基础上谈判达成获取协议。除相关研究活动不能在埃塞俄比亚境内完成外，EBI 不得签发遗传资源的出口许可。特别地，第 482/2006 号公告对埃塞俄比亚国家公共研究和教育机构、在埃塞俄比亚注册的政府间机构的获取，以及依照 ITPGRFA 多边系统规则获取的许可采取特殊的、简化的审批措施。

未经 EBI 许可，任何人不得开展遗传资源勘探活动。开展遗传资源勘探活动，需要取得 EBI 颁发的勘探许可，但经法律授权开展遗传资源保护的国立机构除外。申请人需要在提交的书面申请中说明勘探目的、遗传资源类型、活动地点和时间进度安排。EBI 在收到完整申请材料后，可以依法签发勘探许可。许可证应注明遗传资源类型、勘探地点、时间进度以及其他必要内容。EBI 向外国人签发勘探许可的，应当派出科研人员或者指定科研机构陪同开展勘探活动。

三、获取与惠益分享程序

第 169/2009 号部长条例详细规定了各类获取活动的申请程序。对于商业获取遗传资源或者社区知识的，申请人应当向 EBI 提交《商业获取申请表》。经 EBI 审查后，需将申请人信息、拟获取的遗传资源或者社区知识及其拟议用途在国家级报刊和获取地方报刊上公示 30 天。特别地，申请人认为相关信息需要保密的，可以向 EBI 提出最长 10 年的保密书面申请，并明确告知哪些信息需要保密。不过，保密信息不包括申请人身份、拟议遗传资源、遗传资源发现地点、遗传资源提供者或者陪同和监督获取的相关机构。EBI 作出同意获取的许可决定前，申请人须商定获取与惠益分享协议。获取社区知识的，应当征得社区同意。

非商业获取仅适用于埃塞俄比亚高等教育和研究机构、埃塞俄比亚注册的政府间机构。申请人应当向 EBI 提交《非商业获取申请表》，经 EBI 审查并签订获取协议。EBI 有权作出同意获取的许可，并颁发获取许可证。未经 EBI 事先许可，这些特殊机构不能将遗传资源或者社区知识输出至埃塞俄比亚境外。如果 EBI 认为相关研究无法在埃塞俄比亚境内完成，确实需要将遗传资源或者社区知识出口的，应当在获取许可中明确表示可以出口。EBI 同意出口的，应当在获取协议中明确埃塞俄比亚利益和国外机构义务，确保能够追踪和监督协议的执行情况。

对于拟议遗传资源属于 ITPGRFA 附录 I 内，且仅用于粮食和农业研究、育种和培训目的的，申请人应当是 ITPGRFA 成员方的公民。申请人须向 EBI 提交《多边系统获取申请表》。EBI 审查合规后，作出同意获取的许可。申请人签订 ITPGRFA 规定的《标准材料转让协议》，并缴纳获取费。

在收到获取社区知识的申请时，EBI 应根据社区知识分布的调查结果确定受益人社区，与相关社区机构协商，取得社区的事先知情同意，确定社区知识的托管人。仅分布在一个基层社区的社区知识，由基层社区行政管理组织作出同意决定。跨区分布的社区知识，则由基层社区行政管理组织的上一级行政管理组织作出同意决定。各级行政管理组织作出的决议，应复印抄送给 EBI。

四、申请人义务

按照第 482/2006 号公告第 17 条的规定，获取许可的申请人在获得批准后，必须履行以下义务：

（1）将获取许可的复印件交存至遗传资源采集地的生物多样性保护研究所，并应要求出示原件。

（2）不得用竭农民存种、野生种群或者地方重要性遗传资源。

（3）从保护区采集遗传资源的，不得违反保护区管理机构的规定。

（4）将遗传资源及其数据、社区知识内容等缴存至 EBI 或者 EBI 指定的其他研究机构。

（5）遵守许可证规定的遗传资源采集类型和数量。

（6）按照 EBI 的要求提交遗传资源样本和社区知识内容复本。

（7）向 EBI 定期提交研究活动的现状报告；重复采样的，还需跟踪环境和社会经济影响，并提交报告。

（8）将遗传资源和社区知识的研究和开发结果书面通知 EBI。

（9）未经 EBI 事先书面授权，不得将遗传资源和社区知识转让给第三方或者用于授权用途以外的其他用途。

（10）研究计划完成或者获取协议终止时，交回未使用完的遗传材料。

（11）未经 EBI 同意，不得向第三方转让获取许可，或者相关权利义务。

（12）需要就遗传资源或者其部分申请知识产权的，需与 EBI 谈判签订新的获取协议。

（13）未经 EBI 事先书面同意，不得对社区知识申请专利或者任何其他知识产权。

（14）产品申请商业财产保护时，需承认遗传资源或者社区知识来源地点。

（15）与政府和当地社区分享因遗传资源或者社区知识利用所产生的惠益。

（16）遵守国家法律，特别是卫生监督、生物安全和环境保护相关法律。

（17）遵守当地社区文化实践、传统价值和习惯法。

（18）遵守获取协议条款。

五、获取协议

第 482/2006 号公告第 16 条规定了获取协议的内容，包括：

（1）当事人；

（2）遗传资源类型和数量；

（3）社区知识描述；

（4）遗传资源或者社区知识采集地或者提供人；

（5）遗传资源样本和社区知识缴存研究机构；

（6）遗传资源或者社区知识使用目的；

（7）获取协议与现有遗传资源或者社区知识其他获取协议的关系；

（8）EBI 指定参与收集或者研究活动，以及负责监督协议实施的机构；

（9）政府应得惠益；

（10）涉及社区知识的，应当明确当地社区应得惠益；

（11）获取协议的期限；

（12）争端解决机制；

（13）获取许可证申请人法律义务。

六、惠益安排

第 482/2006 号公告列举了 12 种惠益类型，具体包括：①许可证费；②预付费；③进度付费；④授权费；⑤研究资金；⑥共享知识产权；⑦就业机会；⑧EBI 或者其他研究机构的埃塞俄比亚公民参与研究；⑨优先供应遗传资源相关产品的原材料；⑩取得遗传资源或者社区知识研发所产生的产品和技术；⑪获得机构和当地社区层面的培训，提升遗传资源保护、评估、开发、繁育和利用的地方技能；⑫获得设备、基础设施和技术支持。此外，申请人还可以和 EBI、当地社区商定其他适当类型的惠益。

第 482/2006 号公告规定，政府和当地社区所享惠益的类型和数量应由逐案商定的获取协议规定。地方社区有权享有其遗传资源利用所产生惠益中政府所得货币惠益的 50%，有权享有其社区知识利用所产生的惠益。当地社区所得惠益应该用于社区的共同利益。货币惠益在扣除当地社区所应享有的份额后，剩余部分应当用于生物多样性保护和社区知识弘扬，具体程序由部长理事会制定。政府和当地社区享有的非货币惠益应当在获取协议中予以明确规定。

第 169/2009 号部长条例规定，获取遗传资源或者社区知识所得全部货币惠益应当缴存至"获取基金"专门账户。获取协议所规定的货币惠益应缴存至"获取基金"，但独立设立账目。EBI 有权利用该货币惠益，组织、设立和开展研究或者保护项目，将所得货币惠益用于生物多样性保护和社区知识弘扬。

第二节 埃塞俄比亚生物遗传资源协议

一、科研合同范本

EBI 根据第 482/2006 号公告和第 169/2009 号部长条例的规定，制定并发布了

《遗传材料转移协议》和《遗传材料转移担保书》示范文本，共同构成埃塞俄比亚政府管理遗传资源获取与惠益分享的合同范本。《遗传材料转移协议》仅供研究目的使用，包括遗传资源进口和出口文本。本书将重点考察其出口文本。《遗传材料转移担保书》也包括两个版本，分别供申请人的支持单位和所在国或者居住国国家主管部门担保使用。

（一）《遗传材料转移协议》

埃塞俄比亚相关法律法规要求遗传资源的研究和开发需优先在境内完成，如果不能完成的可以将遗传资源输出境外，但是须要说明原因。考虑到埃塞俄比亚经济发展滞后、科学研究能力有限、工业基础薄弱的现实国情，EBI 发布的《遗传材料转移协议》设置了出口相关条文，获取者需要据实填写。

1．文本结构

《遗传材料转移协议》共五条，包含"当事人"（第 1 条）、"目的"（第 2 条）、"描述与数量"（第 3 条）、"材料的使用"（第 4 条）、"其他义务"（第 5 条）等条款。《遗传材料转移协议》的"签字"部分除需要获取者（即"研究者代表"）和提供者签字以外，还需要研究项目的资助者签字。

2．主要内容

"当事人"规定了合同的当事双方，其中一方为 EBI，另一方为研究者即获取者及其资助者。

"目的"条款需要明确研究者的目的、研究项目名称、样品及其数量、遗传材料出境目的地国家和机构，以及研究者无法在埃塞俄比亚开展相关研究的具体原因。此外，EBI 还需在此条文说明其同意相关样品出境。

"描述与数量"规定获准出口的遗传资源数量及其目的地国家和机构名称。

"材料的使用"规定，研究者仅能将获准出口的遗传材料用于约定的研究目的，不得商业化，也不得将其申请任何形式的知识产权。研究者可以在研究期限内将约定材料保存在目的地国家，但在研究期限届满后，须将剩余材料交还 EBI。

"其他义务"主要涉及第三方转让、定期报告、成果共享等内容。研究者未经 EBI 事先知情并书面同意，不得向第三方转让遗传材料。未经 EBI 许可，第三方不享有授权转让的遗传材料或者其组分的任何权利。研究者须要定期以书面报告的形式，向 EBI 报告研究进展。研究结束时，研究者应当向 EBI 提供研究成果的纸质版和电子版文件。

（二）《遗传材料转移担保书》

如果获取者以研究目的获取和利用埃塞俄比亚遗传资源，需要研究者所在国家主管部门和研究项目支持单位出具担保书。EBI 制定了供国家主管部门和支持单位签署的《遗传材料转移担保书》格式文本。

1．国家主管部门担保书

在国家主管部门担保书中，需要明确研究者、项目、研究活动所在国家和国家生物多样性和遗传资源主管部门的名称，以及研究的目的或者目标。国家主管部门须就以下内容进行担保：

（1）全面知悉研究者的获取和利用活动；

（2）在未取得 EBI 书面同意时，研究成果及其任何信息不会转让给第三方，也不会以任何形式报道或者公开发表；

（3）跟踪并监督研究者履行《遗传材料转移协议》和埃塞俄比亚第 482/2006 号公告等法律；

（4）支持研究者在国内执行其所承担的获取义务。

2．支持单位担保书

在支持单位担保书中，需要明确支持单位名称、研究者、研究目的、研究项目名称、遗传材料数量和类型，以及开展相关研究的国家、机构及其实验室名称。支持单位须就以下内容进行担保：

（1）未经 EBI 事先知情同意，不会转让遗传材料；

（2）支持、遵守并执行《遗传材料转移协议》约定法律义务，并承诺跟踪监督协议的执行情况；

（3）承诺遗传材料及其组分仅用于约定目的，不申请任何知识产权；

（4）承诺向 EBI 如实通报惠益，并依据埃塞俄比亚法律法规和 EBI 分享惠益。

（三）实施成效

据埃塞俄比亚在《生物多样性公约》信息交换所披露的《名古屋议定书》临时履约报告，自埃塞俄比亚 2014 年加入《名古屋议定书》以来，EBI 在研究初始阶段所分享到的货币惠益为 231.4 万比尔（埃塞俄比亚比尔，ETB），约合 6.75 万美元。同时，相关获取和利用活动的启动，先期为当地社区的 857 名失业青年创造了就业机会。按照第 482/2006 号公告相关规定，EBI 代表埃塞俄比亚政府取得部分货币惠益，同时实际提供遗传资源的地方社区享有同等比例的惠益。据此初步推算，自 2014 年以来，埃塞俄比亚相关地方社区已经取得约 6.75 万美元的货币惠益。

二、商业合同实践

EBI 2013 年和某公司签订了一份为期 4 年的生物遗传资源获取与惠益分享协议——《埃塞俄比亚联邦民主共和国生物多样性保护研究所与某公司关于获取 3 种植物遗传资源和惠益分享的协议》，涉及 3 个种生物遗传资源的研究和商业利用。该公司创立于 2011 年，总部位于法国，主要从事化妆品、药物、生物杀虫剂等创新产品研究和开发。该公司致力于为化妆品产业提供优质生物活性成分，是一家具有行业引领性的化妆品生物原料生产商，在生物量实验室扩增和珍贵成分高产分离等领域掌握核心关键技术。在与 EBI 商定获取与惠益分享协议时，该公司正在组织实施一项由多个成员单位参加的欧盟项目，旨在开展新颖活性成分研发。

（一）协议文本

1．文本结构

EBI 和该公司的获取与惠益分享协议包含协议正文和附件，其中正文部分共 16 条，包括"当事人"（第 1 条）、"序言"（第 2 条）、"获取范围和当事人义务"（第 3 条）、"知识产权"（第 4 条）、"第三方转让"（第 5 条）、"效力"（第 6 条）、"惠益分享"（第 7 条）、"所有权和保密"（第 8 条）、"修订"（第 9 条）、"期限"（第 10 条）、"终止"（第 11 条）、"争端解决"（第 12 条）、"适用的法律"（第 13 条）、"沟通语言"（第 14 条）、"监督与追踪"（第 15 条）、"生效"（第 16 条）。附件列出了其他参与欧盟项目的单位。其他参与单位和该公司同等承担协议所产生的权利和义务。

2．主要内容

"当事人"规定了协议的当事人即提供者和获取者信息，包括名称、通信地址、电话、传真、E-mail 等。

"序言"申明埃塞俄比亚享有大量拥有现实和潜在价值的生物多样性，并且愿意通过授权该公司获取和利用其遗传资源而分享利益。该公司拟从埃塞俄比亚的 3 种植物中分离提取生物活性成分，研发药物、生物杀虫剂和化妆品有效成分。EBI 或者其指定机构负责在约定地点采集所需遗传资源，并许可将其邮寄至法国。

EBI 同意该公司在协议期限内，每月获取和利用鲜重不超过 10 千克的上述遗传资源，包括活力种子、鲜叶、根、茎、或者其他鲜活部分。该公司仅能将此遗传资源用于开发药物、生物杀虫剂和化妆品。只有在获得 EBI 书面许可的情形下，该公司才能将材料用于其他用途。该公司不得获取与上述资源保育、培育和利用相关的埃塞俄比亚社区知识，也不能在没有获得 EBI 书面同意时，将社区知识商业利用，以及对社区知识提出任何权利主张。

该公司不得就拟议资源或者其任何部分申请知识产权。任何基于拟议资源或者其任何部分的发明所产生的知识产权应由该公司所有。作为该公司获得完全知识产权的交换，EBI 将获得该公司以生产成本价提供的相关发明或者其产品。EBI 只能在埃塞俄比亚使用这些发明或者产品，但这些发明或者产品的贸易活动除外。

在未经 EBI 事先书面同意的前提下，该公司不得将拟议资源或者其任何部分转让给第三方。如果该公司向 EBI 提出转让拟议资源的书面申请，但 EBI 在 20

个工作日内没有回应，则视为EBI同意该公司向第三方转让拟议资源。鉴于该公司是欧盟项目成员单位，其可以在协议有效期内将拟议资源或者其任何部分转让给项目其他参与单位。

协议不影响埃塞俄比亚对拟议资源的主权权利。EBI保留向第三方授权获取和利用拟议资源的权利，但EBI在授权第三方获取和利用拟议资源进行相同领域相同产品开发之前，应征得公司同意。

EBI和该公司约定以货币和非货币形式支付惠益。在货币惠益方面，该公司主要支付预付费和年度授权费等两种费用。其中，预付费为协议签署当年公司年度完税净利润额的0.1%，一次性支付；年度授权费也为该公司年度完税净利润额的0.1%，按年度支付。若欧盟项目其他参与单位也利用了拟议资源，则需要缴纳相同比例的预付费和年度授权费。每种植物每年的年度授权费数额累计不超过30 000美元。该公司承诺在公司年度财报公布后的两个月内付清款项。关于货币惠益的使用上，该条款也做出了约定。所有货币惠益应当用于EBI或者其指定的公共研究机构的研究经费，用作博士研究生开展研究所需耗材、交通和食宿费用。具体研究项目需由EBI和该公司或者欧盟某项目的其他相关成员认定和共享。非货币惠益包括合作研究、成果共享、能力培训等三个方面。该公司承诺埃塞俄比亚科学家可以参与欧盟项目所有参与单位的研究，但研究类型和参与方式需在相关单位同意的基础上专门另行约定。该公司承诺和EBI共享由拟议资源所产生的研究成果，分享除保密信息以外的知识和技术。如果拟议资源的研究获得成功，该公司将于协议有效期届满年度开展对埃塞俄比亚研究机构和地方社区的能力培训，提高他们保护和利用遗传资源的技能。

"所有权和保密"条款约定联合研究成果处置、协议的权利义务让渡、协议保密等内容。联合研究的成果由当事双方共有，其发表应由双方书面一致同意。一方认为应当保密的信息，应由双方共同予以保密。特别地，仅提供植物材料，不属于联合研究。未经一方书面同意，另一方不得单方面将协议的权利、利益或者义务让渡给第三方。一方需在20个工作日内反馈是否同意让渡，否则拟让渡协议权利、利益或者义务的一方可以就此向第三方进行让渡。当事人应保守协议秘密以及相互知会的技术和生产工艺等信息，未经一方事先书面许可，另一方不得向第三方泄露。

一方无法履行或者违反协议义务时，另一方提前30天书面通知违约方，并依照协议适用的法律终止协议。一方经法院宣布破产后，协议终止。协议终止后，不影响一方自终止生效前取得的权利和义务。自终止之日起，该公司应停止利用拟议资源。

协议解释或者适用所产生的争议，应由双方协商解决。若协商不成，应依照《生物多样性公约》规定的程序，提交仲裁机构仲裁。不服仲裁的，可以向埃塞俄比亚法院或者适当的国际法庭提起诉讼。若一方未提起诉讼且不遵守仲裁裁决的，受侵害方可以依据《波恩准则》相关规定①向埃塞俄比亚政府、法国政府或者欧盟项目其他参与单位的驻在国政府提出履行仲裁裁决的要求。

协议适用的法律包括第482/2006号公告及埃塞俄比亚其他相关法律，以及《生物多样性公约》及其相关决议、准则和法则。特别地，如果《生物多样性公约》和《国际植物新品种保护公约》（*International Convention for the Protection of New Varieties of Plants*，UPOV）不一致的，《生物多样性公约》及其相关决议、准则和法则优先适用于协议。

EBI有权随时查明拟议资源的可持续性，该公司应向EBI提交拟议资源的年度研究报告。EBI有权要求独立审计人员随时审查年度研究报告和协议所涉各项管理细节。当事人会晤视需要举行。

（二）文本评述

该协议签订于埃塞俄比亚第482/2006号公告和第169/2009号部长条例颁布实施之后、《名古屋议定书》生效之前②。因此，协议文本遵循埃塞俄比亚国内法律法规、《生物多样性公约》相关决议和准则如《波恩准则》等的指导而谈判和签订。第482/2006号公告规定了获取协议应具备的基线条款，EBI制定了遗传资源获取与惠益分享的模式合同——《遗传材料转移协议》，总体明确了实务协议应当具有的基本内容。EBI和某公司的协议虽然没有严格按照《遗传材料转移协议》的体例和格式，但基本框架和内容总体遵循了EBI发布的科研合同范本，其最终文本体现了遗传资源提供者和获取者在埃塞俄比亚法制框架内达成了一致。

1．当事人

埃塞俄比亚法律法规授权EBI与获取者签订获取与惠益分享协议，因此EBI有权作为协议当事一方即"提供者"与该公司签订协议，也享有依照法律法规的规定分配和使用利益的权利。协议若涉及社区知识，EBI有义务和地方社区协商授权和利益分配事宜。EBI与地方社区结成利益整体，能够提高合同谈判效率，也能够更加充分地保障资源和社区知识提供者的权益。

2．标的物

第482/2006号公告规定，应在获取协议中列明"遗传资源类型和数量"。《遗传材料转移协议》则在"目的"和"描述与数量"条款进一步对此予以明确，要

①　2002年，《生物多样性公约》缔约方大会第六次会议通过的《波恩准则》第16条相关规定为："在考虑到缔约方和利益相关者可能同时既是使用者又是提供者的情况下，下列清单平衡兼顾了作用和责任，提供了关键的行动原则：……（d）在其管辖下拥有遗传资源使用者的缔约方应酌情采取法律、行政或政策措施，支持遵守获得提供此种资源的缔约方的事先知情同意并遵守共同商定的关于获取资源的条件。这些国家除其他外，似可考虑以下措施：……（iv）各缔约方开展合作，处理据称违反获取和惠益分享协议的事件……"
②　《名古屋议定书》生效于2014年10月12日，同日对埃塞俄比亚生效。

求 EBI 和获取者约定遗传资源名称、数量和进口国及其机构名称。在 EBI 和该公司的获取协议中,"序言"和"获取范围和当事人义务"分别对协议的标的物进行了约定。"序言"列明了标的物物种拉丁名及其生物活性成分。"获取范围和当事人义务"条款则对获取的材料、数量和性状进行明确。"序言"还约定采集后的样品将邮寄出境。"获取范围和当事人义务"明确排除协议不涉及埃塞俄比亚社区知识的获取和利用。

3．事先知情同意

按照第 482/2006 号公告授权,EBI 有权谈判、签署和审批获取协议,也有权在获取协议达成后颁发各类获取和利用活动的许可证书。由于该份协议明确排除社区知识获取和利用,EBI 不需要再征得地方社区的同意。因此,该公司获取和利用埃塞俄比亚遗传资源的活动,一旦协议签署,即可视为已经得到埃塞俄比亚政府的事先知情同意,且 EBI 可以依法颁发获取许可证书。从获取协议的达成过程来看,该公司获取和利用活动严格遵循了埃塞俄比亚政府有关事先知情同意的法律规定。

4．权利与义务

通过获取审批、申请人义务、惠益安排等法律制度设置,埃塞俄比亚政府赋予获取协议当事人诸多权利和义务,《遗传材料转移协议》在"材料的使用"条款进行了相对集中的规定。在 EBI 和某公司签订的获取协议中,这些法定的当事人权利和义务主要由"获取范围和当事人义务"条款约定,包括用途一致性、非授权不转让、提供者免责、标的物直接权利归属、获取者合规使用等。

5．惠益类型及其支付方式

第 482/2006 号公告列举了 12 种惠益供当事人协商选择,同时也为当事人另行约定其他惠益留有充足的灵活性。当事人可以选取的惠益大致可以分为两类,即货币惠益和非货币惠益。该公告规定,遗传资源获取和利用所产生的货币惠益,如果涉及地方社区的,由 EBI 和地方社区五五分成,且需要在获取协议中予以明确。如果是社区知识的获取和利用所产生的货币惠益,则由地方社区独占。第 169/2009 号部长条例设立了专门的基金账户,收缴和管理全部货币惠益。

《遗传材料转移协议》没有规定惠益类型、数量和分配方式等,留待当事人逐案讨论,灵活商定。在商业协议实践中,因不涉及地方社区,所有货币和非货币惠益均由 EBI 和某公司协商约定。EBI 取得的货币惠益包括一次性预付费和年度授权费。若一大型跨国化妆品企业某一产品的年度销售额为 1 000 000 美元,以 30%的净利润率来计算,企业年度净利润额为 300 000 美元,而企业支付给 EBI 的年度授权费仅为 300 美元,企业和 EBI 所得货币惠益之比为 999∶1。由于该公司是"一家小型初创公司",即使该公司每年都能保持较高的销售额和 30%的净利润率,而且公司多个产品都使用了埃塞俄比亚遗传资源,可以叠加支付各个产品的所得惠益,但 EBI 所得货币惠益也不会超过协议规定的上限即 30 000 美元/年。

EBI 能够从此项获取协议中收获的货币惠益极为有限。该公司在获取协议中还对货币惠益的使用进行了近乎苛刻的限制，仅允许 EBI 将惠益用于资助博士研究生参加该公司和 EBI 共同指定或者认定的科学研究项目。

在非货币惠益方面，除合作研究、成果共享、能力培训等以外，EBI 还可以成本价购买相关发明专利或者相关产品。然而，该公司提供的非货币惠益也是近乎苛刻的，附加了诸多限制条件。合作研究的内容需要重新商定，实验数据等关键的保密信息或者"未披露信息"不在共享范围之内，培训活动仅在协议最后一年安排，购买的发明专利或者相关产品仅能在埃塞俄比亚境内使用，这些限制条件使 EBI 分享到的惠益所得有限。

6．第三方转让条件

第 482/2006 号公告明确要求获取者未经书面同意不得转让遗传资源，即便埃塞俄比亚政府研究机构在获取后拟转让遗传资源的，也应当取得 EBI 的事先书面同意。《遗传材料转移协议》对此予以重申，并进一步明确受让方取得遗传材料或者其组成部分的任何权利也需要 EBI 的事先许可。EBI 和某公司的获取协议总体遵循了埃塞俄比亚法律有关遗传资源未授权不转让的规定，但对转让的程序作出了约定。该公司可向 EBI 提出转让遗传资源的请求，但 EBI 需要在 20 个工作日内予以回应。若逾期无回应，该公司可以视为 EBI 同意转让。由于在转让申请提出后，审批时间受 EBI 行政效率、内部审批程序复杂程度、工作人员能力技术等诸多因素影响，时间可能成为 EBI 能否及时回应的决定性因素。实质上，第 482/2006 号公告并未对 EBI 的回应时间作出规定。如果埃塞俄比亚国内有其他法律对主管部门的行政审批时间作出要求，则 EBI 应当依照法律法规规定的时间作出是否同意转让的决定。

7．知识产权

第 482/2006 号公告和第 169/2009 号部长条例规定了获取者不得对拟议资源或者其部分主张任何形式的知识产权。实际上，直接将拟议资源或者其部分申请知识产权的情况比较少见，更多地是对研究成果主张知识产权。另外，"共享知识产权"仅是埃塞俄比亚法定惠益的一种备选类型，而非强制要求。因此，EBI 在合同谈判时能够得到的法律支持十分有限，导致 EBI 在获取协议中将"任何基于拟议资源或者其任何部分的发明所产生的知识产权"让渡给某公司，换取以成本价购买相关发明或者产品。主张潜在知识产权权利的丧失，不仅减少了直接可得惠益，更可能限制埃塞俄比亚本国相关产业的长远发展，损失更多的利益。

8．争端解决

第 482/2006 号公告对获取与惠益分享协议的争端解决机制做了原则性要求。第 169/2009 号部长条例和《遗传材料转移协议》对此则没有提供具体、明确、可操作的指导。在 EBI 和某公司的获取协议中，"争端解决"条款约定了友好协商、仲裁和诉讼等争端解决机制。特别地，仲裁适用《生物多样性公约》规定的仲裁程序和仲裁机构。对于拒不履行仲裁裁决的，受侵害方可以依据《波恩准则》，向施害方政府提出履行裁决的要求。EBI 和该公司签订获取协议时，《名古屋议定书》虽已通过但尚未生效。协议引入《波恩准则》，为当事人合作处理分歧提供了国际法路径。

9．适用的法律

除第 482/2006 号公告和第 169/2009 号部长条例外，EBI 和某公司约定《生物多样性公约》及其相关决议、准则、法律等也适用于获取协议。在获取与惠益分享的私法合同中引入《波恩准则》《名古屋议定书》等国际公法，无疑是间接要求国际法的缔约方政府加强对私法合同的合规监督，在很大程度上强化了缔约方政府的遵约义务。获取协议的当事人在违反合同义务时，受侵害方及其政府有充分且正当的国际法依据，在《生物多样性公约》的框架内，通过国际法机制如《名古屋议定书》遵约机制等要求施害方政府合作督促施害方履行获取协议，维护自身权益。

"适用的法律"条文还对《生物多样性公约》和《国际植物新品种保护公约》的适用问题进行了约定，《生物多样性公约》享有优先适用的法律地位。长久以来，有关《生物多样性公约》和《国际植物新品种保护公约》相互关系的讨论，主要集中在育种材料的来源披露和来源合法性问题上。后者要求只要植物品种满足新颖性、特异性和一致性、稳定性的条件，并具有适当的命名，就应予以保护，不得附带来源披露等其他任何条件。此外，育种材料是否得到提供者事先知情同意后获取的，其来源是否合法也应由来源国法律予以规定，不在新品种授权部门的考虑范围。从法理上来看，《生物多样性公约》和《国际植物新品种保护公约》不存在实质上的冲突，但两者之间的协调和相互支持作用有必要进一步加强。EBI 和某公司获取协议的私法约定，虽然不能从法理上解决《生物多样性公约》和《国际植物新品种保护公约》的协调和相互支持问题，但这为发展中国家国内处理类似问题提供了思路。

10．协议执行情况监督

报告遗传资源利用情况，是《名古屋议定书》规定的遗传资源利用监测手段之一。第 482/2006 号公告要求获取者承担定期报告研究进展和研究结果的义务，EBI 有权收集或者接收此类信息。在 EBI 和某公司的获取协议中，遵循了国际法和国内法的要求。EBI 通过年度研究报告、成果报告等报告形式，检查或者委托第三方检查遗传资源利用是否符合埃塞俄比亚法律法规的规定。这能够使提供者准确掌握遗传资源的获取、利用、转让等活动信息，利于惠益分享安排的切实执行。

第三节　经验与启示

埃塞俄比亚是全球最不发达国家之一，工业基础薄弱、科研能力有限、政府行政效率较低。在遗传资源获取与惠益分享监管上，采取了中央集中统一监管的模式，在国家法律中设置较少的行政许可，指定专门机构即 EBI 负责获取审批和事中事后监督，由专门机构作为当事一方签订获取与惠益分享协议并接收和管理相关惠益，同时采取获取者单位和国家担保的形式提高遗传资源利用的监督执法能力，一定程度上弥补了国家获取与惠益分享监管能力的不足。

一、行政管理措施

虽然埃塞俄比亚法律法规确定了研究、商业和 ITPGRFA 多边系统 3 类遗传资源获取与惠益分享管理规则，也对每一类资源的授权进行区别管理，同时将出口许可在申请研究或者商业化获取时合并审批，从而在程序上实现了一项行政许可的管理方式。对于遗传资源而言，EBI 既承担谈判和签订获取与惠益分享协议的职能，也负责对协议的合法性、公平性、正当性等进行审查。获取协议经签署后生效，同时颁发获取许可，大大提高了合同谈判能力和审批效率。涉及社区知识的，EBI 仅承担协议审批职能。在获取者提交申请时，获取者所在单位和国家政府同时出具担保书，能够加强获取和利用活动的域外合规监督，弥补埃塞俄比亚政府域外监管能力的不足。特别是在 EBI 和某公司的私法合同中，引入相关国际法，强化获取者所在国政府履行国际法义务，使政府担保和监督得到落实。这种私法和国际公法相结合的方式，能够确保行政监管效率和民事主体能力不足一方最大限度地监测遗传资源的获取和利用活动，保障自身权益。

二、标的物

根据第 482/2006 号公告对适用范围和术语的有关规定，埃塞俄比亚的模式合同适用于就地或者迁地条件下的遗传资源，包括生物遗传材料、生物遗传信息、衍生物、生物体及其部分，以及社区知识等。一份协议的标的物只能是遗传资源或者社区知识，不能两者皆有。如果在获取遗传资源时，需要同时获取社区知识，则需要谈判和签订一份遗传资源合同和一份社区知识合同。EBI 和某公司的获取协议就明确限定在遗传资源，而排除社区知识。

三、事先知情同意

第 482/2006 号公告为获取遗传资源和社区知识规定了清晰、明确的事先知情同意程序。获取者需要全面披露拟议资源或者社区知识相关信息和自身相关信息。即使是被获取者视为商业秘密而加以保密的信息如拟议资源名称、发现地点、提供者等也应当披露给 EBI。全面且清楚地知悉相关信息，是权利主体公平、平等进行合同谈判的重要基石和根本保障，也是审批机关依法行政的根本依据。

四、惠益分享安排

埃塞俄比亚法律法规虽然将惠益区分为货币和非货币两种类型，但是仅仅概括列举了若干惠益供当事人协商和自愿选择。由于获取协议的提供者一方，谈判能力相对不足、科研能力有限，如果没有国家法律法规提供强力保障，很难在合同谈判中争取到适当且公平的惠益。一般而言，提供者容易接受在获取阶段收取相应的货币惠益和非货币惠益，而获取者则较易接受在相关产品或者技术盈利时支付相关惠益。某公司在合同谈判阶段以公司初创、研发风险不确定、无力预先支付等理由拒绝了 EBI 多项货币惠益要求，如许可证费、阶段性付费、研发保证金等。该公司同意支付的货币惠益，都是在产品盈利后才予以分享。而且该公司对年度授权费设定了最高上限，无论相关产品盈利状况如何，EBI 能够从每种植物利用所取得的年度授权费不超过 30 000 美元，不超过公司利润的 1‰。

有关研究成果的知识产权分享也暴露了法定惠益基线缺失的弊端。埃塞俄比亚的法律虽然规定了"共享知识产权""共享研究成果"，以及非授权不得将标的物申请知识产权等内容，但是这种概括规定并未给 EBI 或者当地社区在实际操作中提供强有力的法律保障。现实中，未经人工改造而将标的物直接申请专利或者新品种保护等知识产权的可能性较低。共享研究成果，对于科研各方面均落后的埃塞俄比亚而言，利弊得失尚未可知。该公司在获取协议中对"共享知识产权"这一关键惠益弱化处理，采用以成本价销售技术和产品的方式换取研究成果知识产权的全面独享、占有和控制。EBI 以此换来的技术或者产品仅能在埃塞俄比亚境内使用，以及与第三方贸易。另外，该公司只允许 EBI 使用以成本价购得的技术或者产品，其他埃塞俄比亚个人或者实体不能使用或者销售这些技术或者产品，EBI 也无权授权其他个人或者实体使用或者销售，禁止埃塞俄比亚其他实体以优惠价格取得相关技术和产品的权利。知识产权是未来生物产业发展的命门，EBI 对自身资源所产生知识产权所有权的全面丧失，将对埃塞俄比亚科研、经济、教育等产生深远的负面影响。

五、第三方转让

埃塞俄比亚法律法规和《遗传材料转移担保书》对获取许可、标的物、研究成果及其相关信息的第三方转让进行了严格规定，任何转让行为都需要事先得到 EBI 的书面同意。某公司接受了转让获取许可和标的物的事先书面同意规定，但同时也约定了异议答复期。若该公司提出转让活动的书面申请后，EBI 未能在 20 个工作日内予以答复的，视为 EBI 同意转让。这一看似程序公平的约定，潜在地削弱了 EBI 的法定权利。此外，该公司拒绝了对研究成果及其相关信息转让的苛刻规定，认为仅"联合研究"的成果可以共享，由该公司单方取得的研究成果的所有权则应当由其独享。该公司还特别指出，仅仅提供遗传材料不属于"联合研究"。这一看似促进埃塞俄比亚科研人员深度参与、利好 EBI 的约定，在研究成果共享上却排除了 EBI 获利的可能。

六、争端解决

在获取协议中引入《生物多样性公约》框架下相关争端解决机制，有利于 EBI 权益的保护。若发生协议解释或者适用方面的争端，EBI 或者某公司可以通过协商、仲裁或者诉讼等方法予以解决。双方也可以依照国际法的规定，请求另一方所在国政府介入争端，督促施害方履行合同义务。必要时，可以通过《名古屋议定书》遵约委员会等机制处理国际法违约行为。在《遗传材料转移担保书》的配合下，这一私法约定显然具有一定的合理性和正当性。此外，《生物多样性公约》在法律适用上先于《国际植物新品种保护公约》的约定，实际效果有待深入研究，但也是十分可取的。这一实践，能为《生物多样性公约》和其他相关国际法的协调和相互支持提供经验。

七、追踪与监督

通过采取报告、检查、担保等措施，埃塞俄比亚国家主管机构实现了对遗传资源或者社区知识获取、利用和转让的全过程追踪和监测。特别值得关注的是，EBI 在获取申请阶段就要求申请人提交由其国家主管部门和支持单位分别签署的《遗传材料转移担保书》，要求获取者所在国政府和适格机构对获取和利用行为以及协议的实施提供法律担保。在遗传资源跨境转移后，发展中国家普遍担心其利用很难得到监督。埃塞俄比亚的这一措施在很大程度上能够缓解提供国的担忧，将国家主管部门和支持单位作为担保人，能够对获取者形成强大的监督力量，促进其有效履约，弥补提供国法律不能域外管辖的不足。

第五章　美国协议范本研究

由于拥有多样化的气候条件、辽阔的地域和漫长的海岸线，美国形成了独特的生态环境和物种群落，生物资源十分丰富，是世界上 12 个生物多样性最为丰富的国家之一。从地理分布来看，这些资源大都保存在数目众多的国家公园内。从 1872 年美国设立第一个国家公园——黄石国家公园到现在，经过近一个半世纪的拓展，美国国家公园体系涵盖了 19 种类型 419 处自然和文化景观，其中：134 个历史公园或者遗址、113 个国家纪念地、62 个自然国家公园、25 个战场或军事公园、19 个保存库、18 个休闲娱乐区、10 个海岸区、4 个景观干道、3 个湖岸区以及 2 个保留地等，总面积超过 8 500 万英亩，基本囊括了美国所有生物资源生存和繁衍地域。作为世界头号发达国家，美国经济强大、生物技术高度先进、生物产业体系完备，是全球主要遗传资源利用国之一。美国不是《生物多样性公约》缔约国，但却是国际遗传资源获取与惠益分享谈判的积极参与者，秉持私法合同模式管理遗传资源的立场。

第一节　美国生物遗传资源获取与惠益分享管理制度

美国对遗传资源的保护，包括两个部分，即人工培育的遗传资源和自然状态下的遗传资源。对于人工培育的遗传资源和迁地保存在种质库的遗传资源，无论其所有权性质是公有还是私有，只要不属于国家特别保护的濒临灭绝的生物，都是开放获取，惠益分配主要是支付专利费或使用费等货币方式。对于未经人工培育、处于自然状态下的遗传资源，则主要由国家公园通过行政管理与私法合同相结合的方式进行管理。

一、自然状态遗传资源管理基本立法

美国本土绝大部分自然状态下的遗传资源保存在国家公园体系内，受国家公园管理局管理。

1. 《国家公园管理局组织法》（*National Park Service Organic Act*）

该法于 1916 年制定，成立隶属于美国内政部的国家公园管理局（National Park

Service，NPS），统一管理和保护国家公园与国家古迹。该法规定 NPS 的目的是"保护国家公园地域内的景观、自然、历史名迹、野生生物群落免遭破坏，采取有效措施，使得所有这些遗产能为后代人们所继续享受"。

2.《国家公园综合管理法》（*National Parks Omnibus Management Act*）

1998 年颁布实施的《国家公园综合管理法》授权 NPS，在涉及国家公园地域内的生物资源时"与研究机构和商业公司就如何制定平等、有效地分享惠益的协议进行磋商"。同时要求 NPS 加大对国家公园的科学调查，包括对生物资源种类的普查和资源的潜在经济效用调查等，鼓励私人或公立研究机构对国家公园进行科学研究和调查。

3.《联邦技术转让法》（*Federal Technology Transfer Act*）

该法为联邦所属的实验室与私营公司的科技开发合作设定了一个法律制度框架。其中，最为关键的是合作研究与开发协议制度。根据《联邦技术转让法》，《合作研究与开发协议》（*Cooperative Research and Development Agreements*，CRADA）是指如果协议一方为联邦国有实验室，另外一方为私营研究机构或公司，双方开展研究开发合作，其中由联邦实验室提供人力、服务、工具、设施或其他的相关资源；或者私营研究机构或公司提供资金、人力、服务、工具、设施或其他的相关资源，双方为了一致的研究开发目的和方向而开展合作研究。根据 CRADA 有关规定，联邦国有实验室没有义务为研究项目投入资金。

合作研究和开发协议制度的设立为私营公司通过向联邦实验室投入资金或者其他专业知识来换取联邦实验室的研究资源、参与研究调查提供了机会和权利。

4.《联邦政府管理条例》（*Federal Management Regulation*）

该条例要求在国家公园内开展调查研究前，必须首先申请研究许可证。许可证对研究的开展作了许多限制性的规定，避免调查研究对国家公园产生负面影响。在国家公园调查研究所获得的生物材料，只能用于科学研究，禁止出售或用作其他商业用途。只有生物材料的研究成果或者新产品，才可以商业化使用。

二、获取与惠益分享核心制度

1.《国家公园科学研究和资源收集许可基本条例》（*General Conditions for Scientific Research and Collecting Permit*）

NPS 于 2000 年发布《国家公园科学研究和资源收集许可基本条例》，进一步明确在国家公园开展调查研究工作的许可证申请制度，具体如下：

1）被许可权限

被许可人有权在许可证许可的范围内于国家公园开展科学研究和资源收集工作，但是应当接受公园主管部门的管理，同时遵守所有在国家公园系统适用的法律法规，以及其他相关的联邦和州法律。NPS 有权对被许可人的研究调查工作进行监督，确保被许可人遵守规定。

2）信息真实保证

被许可人应当如实提供许可证要求的信息，一旦发现信息不实，许可证将被撤回。提供虚假信息的申请人将视情况受到处罚。

3）禁止转让

不得转让或更改许可证。许可证副本将根据参与项目研究调查的实际人数发放，每人一份。如果有人员调整和变更的，新加入的研究或野外调查辅助人员应当在获得许可证副本后才能开展工作。在项目进行过程中，出现下列情况，项目主要负责人还应当向公园科学研究和资源收集许可证审核部门申请和通报：

① 变更许可证上载明的项目方案和计划；

② 变更项目主要负责人；

③ 项目参与人员变动或姓名变更。

4）许可证的撤回

如发现被许可人有违反基本条例原则的行为，许可证将被撤回。如果许可证被撤回，被许可人可以就其行为向 NPS 地区科学委员会申请复议。如果复议成立，可以重新发回许可证。

5）样本（包括材料）收集和获取

许可证需明确记录拟收集和获取的所有样本。严禁收集和获取许可证没有明确记录的样本。生物样本收集和获取的一般性规定包括以下内容：

① 若无联邦考古许可证，严禁收集和获取考古材料。

② 若无联邦鱼类和野生动物管理局签发的濒危物种许可证，严禁收集和获取联邦政府列入受威胁或者濒危物种名录的样本。

③ 收集方法不应当引起过度的注意，或者对公园环境和其他资源如历史遗迹等产生未经批准的损害、损耗或者扰动。

④ 被许可人应依据许可证的规定，至少每年向 NPS 报告一次新发现物种。汇报信息必须包括样本形态学信息、收集数量、收集地点、标本状态（如风干、蜡封、酒精或福尔马林浸泡等）和保存地。

⑤ 所收集到的样本在研究实验结束后仍有盈余，若属于联邦所有的财产，NPS 保留对盈余样本的处置权。未经 NPS 事先授权，任何人不得任意破坏或毁弃。

⑥ 任何从公园获取的生物样本，必须贴上 NPS 的标识，并且要归入国家公园生物名录。在没有特别规定的情况下，被许可人有义务完成对此类生物样本的归档工作，包括标识、名录和其他附加信息。被许可人有义务根据 NPS 的要求来保存生物样本。

⑦ 所收集的生物样本仅可用于科学研究或者教育用途，并且应当考虑到公众利益，按照 NPS 政策和程序向公众开放。

⑧ 经许可收集的任何生物样本，其任何组成部分（包括但不限于自然生物体、酶、生物活性分子、遗传材料或种子）以及样品相关研究成果，仅用于科学研究和教育用途，不能用于商业或其他营利目的，被许可人和 NPS 签订了《合作研究与开发协议》或其他类似协议的除外。在不具备例外协议的情况下，如果被许可人擅自出售或者转让生物样本、样本部分、样本产品或者研究成果给第三方，NPS 有权要求被许可人赔付总销售收入的 20%，并且保留进一步追究其违法责任的权利。

6）报告

被许可人应当提交年度调查报告，以及研究成果出版物或其他通过此项研究得到的材料。NPS 指定公园研究机构查阅报告，有权要求被许可人提交进一步的材料，包括田野调查记录、数据库、地图、照片等。被许可人对提交的材料的真实性负责。

7）保密条款

被许可人对公园敏感资源的具体场所负有保密义务。所谓敏感资源，包括稀有物种、濒危物种、受威胁物种、考古遗址、洞穴、化石遗迹、矿藏、有商业价值资源和神圣仪式场所等。

除以上主要内容外，还有保险条款（针对特别项目，认为有必要投保的，许可证申请人应当投保）、机械设备（严禁被许可人在公园内指定的或潜在野生生物生活区域内运输、装备和使用任何大型机械）、NPS 参与条款（没有特别的书面约定，被许可人无权要求 NPS 对其项目的实施予以任何辅助）、永久标记和野外装备（若无许可或者协议约定，被许可人应当在研究结束或者许可证到期时移除所有标记和设备）、终止日期（在许可证终止后，被许可人的权利即告终止，不得延续）等二十余项内容。

2．国家公园管理局第 77-10 号局长令（*NPS Director's Order #77-10：NPS Benefits Sharing*）

2013 年底，NPS 发布第 77-10 号局长令《国家公园管理局惠益分享局长令》，对其批准的各项研究的成果的惠益分享，以及惠益分享与 NPS 相关技术转让的关系进行了更新和明确，详细规定了依据科学研究和收集许可取得的样本（含生物或者生物来源的材料）的发现或者发明的商业化货币或者非货币利益的惠益分享事项，如：对 NPS 惠益分享进行界定，明确惠益分享根本原则和一般程序，规定相关伦理和保密措施，划分惠益分享管理责任，细化报告要求，等等。2014 年，国家公园管理局又发布了《国家公园管理局惠益分享手册》，为相关政策的实施、惠益分享程序、相关文件模板等提供更加详尽的指导。

1）背景与目的

NPS 是样本的保护者，为获取者提供了研究场所和采集样本的机会，还可以提供研究数据、鉴定或者其他辅助条件。所有在国家公园开展的研究活动，都应向 NPS 缴纳某种形式的惠益。惠益分享是指，NPS 收到其许可或授权（如"科学研究和收集许可"）开展的研究的成果（如发现或者发明）商业利用所产生的货币或者非货币惠益。惠益分享使美国政府能够获得公共资源研究成果的商业化价值。禁止样本本身的商业利用或者销售。研究成果的商业利用需要事先和 NPS 签订惠益分享协议。NPS 有权接受或者拒绝惠益，有权对违约行为采取救济措施。

国家公园的资源是为科学研究和大众休闲服务。惠益分享有助于保护和更好地管理这些资源。在研究成果商业利用时，惠益分享协议能够明确研究者和 NPS 管理者的权利和责任。在 NPS 潜在所得惠益为 NPS 资源管理或者社会大众的净值时，NPS 有权参与惠益分享。

2）基本原则

禁止商业利用或者销售天然采集物，以及在联邦土地上采集的古生物学和考古学样本。NPS 有权获得样本相关研究成果的补偿利益。

任何一方在将研究成果商业利用之前，都应当和 NPS 达成相关协议。NPS 有权依据经济和技术因素决定分享或者拒绝惠益。样本转让协议、材料转让协议、租赁协议等 NPS 许可证和协议书应当规定以下两项内容：①研究成果商业利用前需要签订惠益分享协议；②NPS 可以采取的违约救济措施。

NPS 有权逐案协商签订分享或者拒绝惠益的协议。NPS 只和机构（联邦或者非联邦）签订协议，而不和个人签订协议。NPS 可以依据惠益分享协议取得货币和非货币惠益。NPS 应将惠益分享协议向社会完整公示，法律规定的保密信息除外。一方可以依法向 NPS 以书面形式提出需要保密的信息，NPS 再依法决定是否予以披露。NPS 有权认定商业利用的阶段，有权监督商业利用，有权启动协议的制定。惠益分享协议不得规避或者替代 NPS 的规划、许可或者其他政策，不得对任何活动进行授权。NPS 可以签署和更新与惠益分享协议无关的其他协议，如样本转让协议、材料转让协议、租赁协议等。负责起草和谈判惠益分享协议的个人，不得协调研究许可、转让协议、材料转让协议和租赁协议。如果 NPS 认为该商业利用活动是惠及大众的基础教育活动，则其可以不用签订惠益分享协议，但是被许可人需要向 NPS 报告教育、宣传和展览相关的研究成果。被许可人拟就某发明申请专利保护的，应在发明专利申请公开之前、提交专利申请 30 日内以及专利主管部门归档 30 日内向 NPS 通报。在与外国机构签订惠益分享协议时，应当征求 NPS 国际事务办公室意见，确保符合国家外事政策。特别地，与外国政府或者外国政府关联或者控制的外国机构签订惠益分享协议时，NPS 国际事务办公室应当征求国务院或者联邦其他部门的意见。

NPS 应当将依据惠益分享协议所得的惠益依法用于其管辖下各类资源的保护工作。为此，NPS 应当在惠益分享协议中引用相关法定权限，如《联邦技术转让法》相关规定，以便保留和支出货币惠益。NPS 有权管理惠益分享活动，强化 NPS

科学家的科研能力。

　　3）一般程序

　　国家公园只能与被许可人的工作单位或者活动资助机构，又或者获得授权并签订样本转让协议、材料转让协议、租赁协议等的机构，签订惠益分享协议。国家公园依据有关法律授权，从以下协议中选择适当的类型进行商定：

　　①《合作研究与开发协议》（CRADA）——若 NPS 局长认定某国家公园属于《联邦技术转让法》规定的"联邦实验室"，则适用此类协议。基于 CRADA，与国家公园签订协议的非联邦机构可以将货币惠益缴纳给该国家公园，且国家公园可以保留此货币惠益。联邦或者非联邦机构也可以提供非货币惠益。

　　②《总体协议》（General Agreement）——若一方是联邦或者非联邦机构，而且另一方提供的非货币惠益可以由国家公园留存时，或者非联邦机构提供的货币惠益需要由国家公园缴存至美国国库时，适用此类协议。国家公园不得接受联邦机构提供的货币惠益，但可以获得相关发明的权益，并由此获得相关发明实施或者授权实施所得货币惠益。

　　③《合作协议》（Cooperative Agreement）——若另一方是公立或者私立教育机构，或者州政府及其政治分支，且其愿意提供非货币或货币利益。如果该项目具有上述公共目的，但该目的超出国家公园使命，而国家公园在该项目中实质性参与的，适用此类协议。

　　④ 其他协议（Other Agreement Types）——适用于其他惠益分享情形的合法协议。在商谈此类型协议前，国家公园应当征求华盛顿办事处（Washington Office, WASO）惠益分享协调员的意见。

　　⑤《拒绝分享惠益的协议》（Agreement to Decline Benefits Sharing）——若 NPS 决定不分享惠益，则其应当起草一份由所有当事人签署的协议信函或者其他协议，申明其适用的条款和条件。国家公园可以基于技术或者经济因素拒绝分享惠益，不得以商业利用活动是否发生作为考虑依据。若技术或者经济因素不适用，则应由 NPS 副局长审定其他因素后作出准予拒绝惠益分享的决定。

　　若 NPS 认定某国家公园属于《联邦技术转让法》界定的"联邦实验室"，惠益分享则与技术转让交叉重叠。根据《联邦技术转让法》，联邦实验室应当加强与其宗旨一致的技术转让活动，并规定应当签订《合作研究与开发协议》。《合作研究与开发协议》为 NPS 提供了最广泛的授权，能够接收和留存货币惠益。NPS 能够通过以下两种途径转让技术，如：①签订《合作研究与开发协议》从事合作研究和开发，并且将所得技术转让给非联邦机构进一步开发和使用；②享有某项发明的许可权或者专利权，并通过市场将其向公众传播。

　　国家公园应利用收到的惠益，进行资源保存、保护和管理。部分惠益可用于支付 NPS 与惠益分享项目相关的行政成本。但不得将资金用于支付永久雇员的收入。

4）伦理与保密措施

所有员工应积极参加惠益分享协议的制定和管理工作。参与协议所涵盖研究活动、协议谈判或者掌握相关活动信息的在职和离任员工，应遵守伦理道德相关法律法规，可以向伦理官员寻求专门指导。员工须保证自身与惠益分享活动无利益冲突。NPS 员工若以个人身份参与商业开发并分享惠益，须得到伦理官员同意。国家公园研究许可协调员、博物馆馆长、活体样本馆馆长应回避个案惠益分享安排的讨论、谈判或者其他相关活动。惠益分享协调员应回避各类许可、收集样本转让协议、材料转让协议、租赁协议的讨论、谈判或者其他相关活动。负责并签发和管理收集样本转让协议、材料转让协议、租赁协议、考古和其他许可证的个人，不得参与惠益分享协议的起草和谈判。

5）管理职责

NPS 局长——有权将惠益分享和技术转让授权给副局长、公园主管和 NPS 国家实验室负责人；有权认定 NPS 机构是否属于《联邦技术转让法》规定的"联邦实验室"；有权决定何时在联邦实验间分配惠益分享所得收入；负责为技术转让提供充足资金支持。

副局长（分管自然资源管理和科学事务）——监督惠益分享和技术转让；任命华盛顿办事处惠益分享协调员，管理惠益分享和技术转让活动并向国家公园提供协助；发布和维护 NPS 第 77-10 号局长令、《国家公园管理局惠益分享手册》和相关政策程序中有关惠益分享和技术转让要求、程序和信息；签发《国家公园管理局惠益分享手册》；制定并监督服务范围协议，促进惠益分享和技术转让；批准协议谈判和条款，以及惠益分享最终协议；可以在与区域主管协商后批准非技术和经济因素的拒绝惠益分享协议；建立并监督研究与技术应用办公室，依法促进技术转让；在适用的情况下，向华盛顿办事处副主管提供惠益分享活动供审议和批准。

华盛顿办事处副主管——在以下两种情形时参与惠益分享或者技术转让：①副主管分管的 NPS 国家实验室或者机构参与了惠益分享或者技术转让；②研究对象属于其管理职责范围。审查并向局长报送相关单位要求指定为联邦实验室的请求；同意拟议条款和惠益分享最终协议；按照职责分工准备和维护惠益分享和技术转让现有相关信息。

区域主管——审查并向局长报送国家公园要求指定为联邦实验室的请求；同意拟议条款和惠益分享最终协议；如有可能，向公园提供惠益分享技术援助。

公园主管——批准和签发科学研究和收集许可以及其他授权，如样本转让协议、材料转让协议和租赁协议，但须回避对潜在可得惠益的审议；利用许可和授权分类追踪样本，授权专利储存并监督公园的专利活动；为 NPS 享有的发明签发许可；监督公园惠益分享项目，包括任命公园惠益分享协调员；通过区域主管向

NPS 局长提交要求指定其为联邦实验室主管的请求；承担其联邦实验室主管职责；纳入相关员工在职位描述、晋升考评、表现评估中的惠益分享和技术转让；向上一级主管和华盛顿办事处惠益分享协调员提交拟签订惠益分享协议的书面报告；组建谈判队伍，以及委托咨询师；审查谈判和条件并向上一级主管提出批准的建议；赞同惠益分享协议，并提交上一级主管审批；批准保密协议；实施惠益分享协议，也可以授权相关技术代表进行管理；接收货币和非货币惠益，批准所得惠益的支出计划；提交公园惠益分享报告；与华盛顿办事处惠益分享协调员协商处理惠益分享义务违约违法行为；如有可能，向其他公园提供惠益分享专门知识。

6）必要的报告

所有涉及惠益分享的国家公园都应于财政年度内提交惠益分享项目总结报告，汇报惠益分享协议、专利、发明披露、所得惠益及其使用等状况。被认定为联邦实验室的国家公园，还应当依据《联邦技术转让法》报告许可和员工发明信息。国家公园也需要依法编制惠益分享和技术转让相关年度报告，汇报年度惠益分享和技术转让活动、规划纲要、拟开展的重点研究、非保密指标等。

第二节　美国生物遗传资源协议

一、材料收集或者转移协议

国家公园的资源以就地形式保存，经授权后也可以保藏在国家公园的样本库或者适当的保藏中心。经授权的保藏样本可以提供给研究机构，或者在实验室分析和改造后变为"材料"（materials）。科学研究和收集许可（scientific research and collecting permit）仅对采集活动进行授权。《收集样本转移协议》（*Collected Specimens Transfer Agreement*，CSTA）仅针对样本最终保藏地尚未确定时的样本转移活动。《材料转移协议》（*Material Transfer Agreement*，MTA）适用于收集样本经研究人员实验室改造后形成的材料转移活动。《租赁协议》（*Loan Agreement*）适用于永久保藏在博物馆的样本或者活体样本的转移活动，几种许可或者协议类型分类如表 5-1 所示。

表 5-1　样本和材料适用许可或者协议模板分类

许可或者协议类型	目的
科学研究和收集许可	授权样本研究和采集活动。国家公园可以根据需要修改被许可的研究人员或者研究范围
《收集样本转移协议》	授权将收集到的样本的保藏人由被许可人变更为非被许可人的机构
《租赁协议》	授权出租和追踪博物馆的样本和活体藏品，可以授权第三方租赁、破坏性分析等，也可以授权保藏机构通过签订《材料转移协议》将材料散发给第三方
《材料转移协议》	授权研究、临时保管和追踪材料，仅针对非永久保存的材料。材料可以用尽，也可以在利用后丢弃。如果研究人员制造的材料被认定为需要永久保存的，应当提交国家公园活体样本库保藏，而且未用尽的材料必须交回国家公园活体样本保藏库或者销毁

（一）文本结构

MTA 是一份由 NPS 授权改变材料保管状态的协议，适用于材料保管单位或者研究人员将部分材料转移给另一个单位，供获取者研究使用。NPS 发布的 CSTA 合同范本与 MTA 在内容上几乎一致。差别在于 CSTA 涵盖的收集样本为联邦所有。获取者应当考虑其永久保存的必要性、保存设施和条件，同时不得在未经 NPS 授权的情况下销毁或丢弃。

MTA 包含填写说明、协议正文和附件三个部分。"填写说明"部分需要勾选协议类型，由当事人选择适用的示范合同即 CSTA 或者 MTA。"协议正文"由"定义与标识"（第 1 条）和"条款与条件"（第 2 条）共 2 条组成。"签名"部分由获取者及其单位、提供者共同签署。"附件"需明确列出对材料的研究计划或者利用计划。

（二）条文主要内容

1．定义与标识（definitions and identifications）

本条由当事人约定 MTA 各个术语的含义，如提供者、获取者及其单位、标的物、材料、子代、未经修饰的衍生物、修饰物、商业目的、研究成果等。对于提供者，需要明确提供标的物的 NPS 具体下属机构、具体执行者以及工作相关联系信息，但作为合同当事一方的"提供者"则标注为"国家公园管理局"。对于获取者及其单位，需要明确标的物接收单位和具体接收人，所需信息包括名称、地址、联系方式等。对于标的物即"材料"，需要明确的信息有：科学名和相关描述，容器类型、尺寸、体积和数量，NPS 科学研究与收集许可证编号、收集样本的采集地，收集样本的采集编号，NPS 博物馆或者活体保藏库分类码，以及其他非 NPS 分类编码。

MTA 主要规定了以下术语的定义：

收集样本（collected specimens）——科学研究与收集许可证的被许可人采集的物品或者其部分。收集样本为自然物。

材料（material）——收集样本、博物馆样本、活体保藏库物品及其后代的子代和未经修饰的衍生物，不包括修饰物以及利用修饰物、子代或者未经修饰的衍生物以外的材料人为创造的物品。

子代（progeny）——收集样本或者材料的未经修饰的后代，例如来源于病毒的病毒，来源于细胞的细胞，来源于生物体的生物体。

未经修饰的衍生物（unmodified derivative）——不属于收集样本的一部分的人造物品，而是功能性亚单元的未经改变的副本，或者是收集样本或者材料表达产物的未经改变的副本。例如，收集样本的细胞的副本，材料纯化或者分离出的成分，收集样本或者材料所含 DNA 或者 RNA 表达产生的蛋白质，等等。

修饰物（modifications）——材料的接收机构创造的物质。

商业目的（commercial purpose）——将材料、修饰物或者研究成果应用于产品、服务或者工艺中，从而能够出售、出租、许可或者其他形式转让相关产品或者服务以获取收益。特别地，博物馆和活体保藏库永久保存的收集样本不得用于商业目的。

研究成果（research results）——接收机构从研究活动中产生的材料、修饰物、知识产权、发明、数据、发现以及其他知识、工艺、产品或者应用。

2．条款与条件（terms and conditions）

1）用途

获取者仅能按照附件所列计划将标的物用于非商业性研究或者教育目的。未经提供者书面同意，不得将标的物用于人类或者人类相关临床试验和诊断。标的物仅能在接收单位使用，而且仅能在接收人的实验室进行与其研究方向相关的利用，或者在接收人直接监督下的其他工作。未经提供者事先书面同意并执行适当的 NPS 协议，不得转移给接收单位内的任何人或者其他第三方。

2）年度报告

获取者向提供者提交年度报告，告知附件所约定的研究活动所产生的所有材料和修饰物。

3）成果报告

获取者承诺，将在公众披露或者申请知识产权保护前向提供者报告任何研究成果相关的发现、发明或者修饰物情况。

4）第三方转让

获取者应报告任何第三方有关标的物的请求。通过签订单独的协议，提供者可以允许接收单位将修饰物提供给第三方，用于非商业性研究或者教育用途，但需遵循本 MTA 有关规定。

5）提供者专有权利

本协议未明示或者暗示将提供者的专利、专利申请、商业秘密或者其他专有权利让渡给获取者。特别地，本协议未明示或者暗示授权将标的物、材料、修饰物或者提供者的其他相关专利用于商业目的。

6）商业利用

如果获取者希望将标的物所产生的材料、修饰物或者研究成果用于商业目的，或者许可他人商业利用，则获取者应事前与提供者平等谈判并达成商业利益协议、惠益分享协议或者许可。提供者没有授予获取者此项许可或者与其签署协议的义务，提供者可以授予排他的或者非排他的商业许可给第三方，也可以依法将提供者相关权利或其部分出售、授权给第三方。如果接收单位和接收人是现有惠益分享协议或者许可的当事人，本条规定仅适用于材料、修饰物或者其他研究成果的商业利用，而非上述前置协议约定的用途。

7）提供者免责

根据本协议交付的任何标的物应理解为由提供者收集或者制备的，本质上为实验性的，并可能具有危险特性。提供者不做任何陈述，不提供任何明示或暗示的担保，不对针对特定用途的适销性或适用性做任何明示或暗示的保证，不对材料利用将不侵犯任何专利、版权、商标或其他专有权利作出任何保证。

除法律禁止的以外，获取者应承担因其对标的物、材料或者研究成果的利用、存储、丢弃所产生损害的全部责任。提供者不承担第三方声称的、与获取者使用、存储、丢弃标的物、材料或者研究成果有关的任何责任。由获取者利用标的物、材料或者研究成果而引起的，任何第三方对获取者的任何损失、索赔或者要求，提供者不承担任何责任，除非是由于提供者的严重过失或者故意不当行为导致的，且应在法律允许的范围内赔偿。

8）提供者名誉权

本协议不得解释为阻止或者延迟标的物、材料、修饰物的利用所产生发现和研究成果的出版。接收人承诺在出版物和专利申请时给予标的物的来源适当的承认和致谢，同时注明提供者全名、许可证号、标的物或材料科学名以及 NPS 分类编码等。获取者承诺向提供者提供其利用标的物和材料所产生的报告、出版物的复本。如果没有报告和出版物，则提供其他发现和研究成果的复本。

9）获取者守法义务

获取者承诺遵守 NPS 科学研究与收集许可的所有条件和要求，以及 NPS 其他相关规定；遵守其他有关动物或重组 DNA 利用的法律法规，以及农业部、公共卫生管理局、国家健康研究中心的部门规章、规范和指南；遵守外国、本国联邦、州、地方的相关法规和规章。载运标的物、材料出境的，应遵守美国相关法律，如出口管制法和相关条例。

10）终止

本协议应于下列情形出现时终止，并以最早出现的为止：①获取者退回或按照提供者书面规定处理完标的物和所有材料；②获取者通知并提供书面证据证明标的物和材料已经用尽、销毁；③附件列明的研究计划全部完成；④一方以书面通知另一方终止起 30 日后；⑤约定的终止日期。若依前三项终止，获取者则不应继续使用标的物和材料，并应按照提供者指令退回或者销毁剩余标的物和材料；获取者可以自由决定是否销毁修饰物，或者继续遵守本协议有关修饰物和研究成果的约定。对于提供者非违约原因书面通知获取者终止协议的，或者由于紧迫的健康风险、专利侵权等原因书面通知获取者终止协议的，提供者可以延后终止日期。获取者因完成研究工作需要而提出延期请求的，提供者可以延后 1 年。截至终止日后，获取者不得继续使用标的物和材料，并应按照提供者的书面指令退回或者销毁剩余标的物和材料，或者按照提供者书面指令规定的其他方式处理剩余标的物和材料；获取者可以自由决定是否销毁修饰物，或者继续遵守本协议有关修饰物和研究成果的约定。

协议终止后，本条有关"成果报告""第三方转让""提供者专有权利""商业利用""提供者免责""提供者名誉权""获取者守法义务"的条文仍然有效。

此外，本条还约定提供者免费向获取者供应标的物。

3．签名（signatures）

接收单位、接收人、国家公园主管签字确认。

（三）文本评述

MTA 合同范本具有条文简明、内容全面的特征，其涵盖的范围非常之广，对标的物、用途、报告、第三方转让、嗣后利用、责任与赔偿等多个方面进行了详尽且充分的规定。

1．协议当事人

MTA 的当事人分为供应标的物的"提供者"，以及接收标的物的"获取者"。"提供者"无论是某个国家公园还是具体提供标的物的国家公园职员，在 MTA 中均视为国家公园管理局即 NPS。在合同"签名"时，"提供者"将由具体国家公园的主管依照 NPS 授权签署，而不需要 NPS 官员签字。"获取者"由接收和使用标的物的具体研究人员及其工作单位组成。换言之，研究人员从 NPS 系统获取标的物时，除本人外，其工作单位也享有和承担 MTA 规定的作为"获取者"的部分权利和责任。

2．标的物

除国家公园外，NPS 还管理着自然和历史遗迹、博物馆、休闲娱乐场所等。因此，NPS 可提供给获取者的标的物范围非常广泛，不仅仅限于生物资源或者遗传资源，还包括各种非生物的、非活体的自然资源，这些资源也可以作为 MTA 的标的物，供获取者研究利用。然而，就生物遗传资源而言，获取者直接从野外采集的样本不能使用 MTA，而应使用 CSTA。MTA 的标的物限于 NPS 异地保存的，以及经 NPS 系统的人员和实验室改性后的生物遗传资源，即"材料"。同时，NPS 相关制度将此标的物的范围延伸至未经人为修饰的衍生物和"材料"的天然"子代"。在标的物的信息记录上，MTA 要求明确诸多科学信息和专一编码，使标的物的记录精确，更加便利追踪监测，促进了后期各项管理措施的协调、一致和高效。此外，MTA 专门规定标的物应免费提供给获取者，一定程度上鼓励了相关的科学研究活动。

3．事先知情同意

按照 MTA 条文的要求，获取者应该在标的物获取、利用、转让、出境之前得到提供者的事先知情和书面授权，在就相关研究成果或者修饰物申请知识产权保护前，也应该征得提供者的同意。标的物接收单位内部研究人员之间的转让行为也应得到提供者的事先知情同意。"事先知情同意"覆盖了标的物获取、利用和嗣后处置的所有环节，确保能够在价值链上全程追踪和监督标的物流向。

4. 第三方转让

MTA 通过禁止、报告、授权等方式约束获取者向第三方转让标的物的行为。首先，MTA 禁止任何形式的、未经书面授权的转让标的物行为；其次，获取者应将转让行为事先报告提供者，而且任何第三方的转让请求都应报告给提供者；再次，有条件的授权转让基于标的物的人工改性物即"修饰物"，如限定用途和受让人遵守 MTA 约束。获取者对提供者供应的标的物没有向第三方转让的权利，但是可以有条件地获得自身改性物的转让权。

5. 知识产权

MTA 没有对知识产权进行过多的规定，仅声明提供者保有标的物本身的知识产权和申请知识产权的权利。联邦是标的物的所有权人，这一权利原则得到进一步延伸和体现。

6. 用途

根据 NPS 相关法律法规和规章的规定，NPS 提供的标的物仅能用于科学研究、教育、展示、展览目的。因此，MTA 严格限定了获取者使用生物遗传资源的用途，即科学研究，但没有对此进一步区分为学术研究和应用研究。根据《联邦技术转让法》等法律的规定，鼓励科学研究以促进成果商业化，可以作如下理解：其一，任何商业产品的开发销售和获利，都是来源于科学研究活动；其二，科学研究是为社会经济发展服务的，应当取得社会和经济效益。这种法律预设，既严格区分了科学研究和商业利用的界限，也在两者之间建立了直接的或者间接的必然联系。关于研究成果的商业化，需要后续签署惠益分享协议予以解决。提供者拥有是否签署后续协议的权利，甚至拥有将获取者基于标的物所得成果的权利授权给第三方，允许第三方商业利用这些成果。这些对获取者而言近乎苛刻的条件，充分保证了提供者对其资源的主导权，也能促进获取者尽快将科技成果转化为商业价值。

7. 免责与赔偿

MTA 赋予提供者十分宽泛的免责与免赔权利，包括标的物的可用性、安全性、商业前景以及研究和后续利用所产生的损害，也不对标的物的利用是否构成知识产权侵权承担责任。提供者仅承担法律规定的赔付责任，以及因自身严重过失或者故意侵害行为造成的损失的赔偿。

8. 名誉权

MTA 明确约定了提供者享有研究成果发表、专利申请的名誉权。获取者在发表成果或者申请专利保护时，披露标的物来源信息，是对提供者名誉权的合同认可和保护。此外，由于美国专利法没有对来源披露提出要求，MTA 的这一私法合同要求，可以视为对《名古屋议定书》框架下生物遗传资源来源披露要求的补充和衔接。

9. 终止和效力延续

MTA 为当事人终止协议规定了若干适用情形和相应的程序。最值得关注的是，MTA 部分内容在协议终止后仍然有效，当事人并不因协议终止而停止履行的部分权利和义务。从 MTA 列举的后续有效条文来看，均为其实质性约定，如"第三方转让""提供者专有权利""商业利用"等，将在标的物转让和后续惠益分享种持续发挥法定作用，充分而且持续地保障当事人特别是提供者的权益。

二、合作研究与开发协议

按照《国家公园管理局惠益分享手册》的规定，CRADA 是指，"一个或多个联邦实验室与一个或多个非联邦当事人之间签订的协议，商定由政府通过联邦实验室提供人力、服务、设施、设备、知识产权或者其他资源（无论是否有偿还），非联邦当事人提供资金、人力、服务、设施、设备、知识产权或者其他资源，开展与联邦实验室宗旨相一致的特定研究或者开发工作"。某国家公园一旦被 NPS 局长书面认定为联邦实验室，其拟通过惠益分享活动接收货币和非货币惠益，而且意图留存货币惠益的，则需要签订 CRADA。任何组织，如联邦、州、地方的政府、大学和私营机构，都可以与 NPS 签订 CRADA，但每份 CRADA 必须至少有一家非联邦机构参与。

（一）文本结构

CRADA 在实务合同文本上表述为"《美利坚合众国内务部国家公园管理局 XXX（如国家公园名称）和 XXX（另一当事人名称）关于惠益分享的合作研究与开发协议》"。全文由保密要求、正文和附录等三个部分组成。其中，"保密要求"明确了协议保密的法律依据，以及不得向第三方泄露协议内容等。正文由"背景与目的"（第 1 条）、"法律授权"（第 2 条）、"定义"（第 3 条）、"工作陈述"（第 4 条）、"条款和条件"（第 5 条）、"期限"（第 6 条）、"工作协调"（第 7 条）、"事先许可"（第 8 条）、"产出与报告"（第 9 条）、"成果发表"（第 10 条）、"财产利用"（第 11 条）、"修订、终止与争端"（第 12 条）、"必要和标准条款"（第 13 条）和"签名"及"附录"组成。"签名"部分需要 NPS 下属具体提供资源的国家公园（联邦实验室）主管和使用者负责人签署，并依照规定的程序提交 NPS 区域主管、NPS 副局长（分管自然资源管理与科学）审批。"附录"由"货币惠益"和"非货币惠益"组成，主要列明 CRADA 约定的各项惠益。

（二）条文主要内容

1. 背景与目的（background and objectives）

阐明 NPS 宗旨和任务，即保护体系内景观、自然和历史遗迹、野生动物，促进其能够为子孙后代可持续利用如休闲娱乐，协调各方实体和个人开展国家公园内自然资源相关研究，并促进研究信息交流。本条申明：①作为协议当事人的国家公园，依据《联邦技术转让法》被 NPS 认定为"联邦实验室"；②获取者研究意向以及愿意与 NPS 在科学研究方面开展合作，并共享相关数据和信息；③获取者同意而且承认国家公园相关保护活动对其科学研究和后续利用的重要贡献，承认 NPS 相关保护活动需要全面和适当地运用科学研究成果；④国家公园同意并且认可获取者持续投入时间、技术和资金进行研究和开发活动；⑤获取者是否使用 NPS 所属现有技术或者样本，拟进行何种商业化利用，以及已经开展何种工作；⑥本协议与其他许可或者协议如科学研究与收集许可、样本转移协议、材料转移协议、租赁协议等的接续关系。

2. 法律授权（authorities）

阐明本协议当事人签订协议的法律依据。国家公园的法律授权来自《国家公园管理局组织法》《联邦技术转让法》《国家公园综合管理法》等相关规定。

3. 定义（definitions）

规定了"收集样本"（collected specimens）、"商业目的"（commercial purpose）和"商业用途"（commercial use）、"保密信息"（confidential information）、"发现"（discovery）、"产品"（future product）、"知识产权"（intellectual property）、"发明"（invention）、"活体藏品"（living collection）、"材料"（material）、"修饰"（modification）、"博物馆样本"（museum specimen）、"净销售额"（net sale）、"研究成果"（research results）、"未经修饰的衍生物"（unmodified derivative）等若干协议用语的含义。

4. 工作陈述（statement of work）

约定获取者和国家公园的具体工作内容。获取者须陈述如何对其研究成果或者产品进行商业化；NPS 将保护和维护国家公园的资源和价值，如防止样本收集地区被破坏，以及依法通过提供人力、技术、设备、设施、信息、计算机软件、实验室等方式促进获取者的产品研究相关工作。

5. 条款和条件（terms and conditions）

对前置许可或者协议、产品、知识产权等内容进行了详细的约定。"背景与目的"所列许可、样本转移协议、材料转移协议或者租赁协议的"条款和条件"应在本协议有效期内得到延续，即便上述许可或者协议已经失效。获取者应当在研究与开发期间明确商业产品为何，同时应当依据本协议的约定对商业产品的利用进行补充和修订。获取者对商业产品的后续开发应当征得联邦、部落、州或者其他相关主体的许可。获取者应当投入合理的资源，促使相关产品能够付诸生产或者生产工艺和方法得到实施，促使相关专利能够为公众依法使用并受益。获取者应当于本协议有效期内约定的时期提供相关产品给国家公园分配或者销售。当事人可以商定延长此约定的时期。获取者可以向 NPS 提出延长此时期的请求。如果此类请求得到获取者为使产品实际应用而做出合理努力的证据支持，NPS 不得无理拒绝。在相关产品于美国实际应用之后，获取者应当在协议有效期内确保美国公众可以合理获得其产品。获取者有权随时对本协议的条款与条件所约定的权利和权益，或者其部分，进行许可或者再许可，而不需要得到 NPS 额外授权，但获取者应在其许可或者再许可时明确表示同意专门保留 NPS 在本协议及其附录中约定的权利和特权。同时，获取者应向 NPS 通报其许可或者再许可事项。获取者及其许可对象须依法取得联邦、部落、州或者其他政府机构颁发的额外许可，如公共健康和环境保护，才能从事相关产品的研究、开发和商业化。获取者应当向政府机构，或者要求其许可对象向政府机构提供，发放许可时必要的环境分析相关科学和其他信息。同时，获取者应按照《国家环境政策法》《濒危物种法》以及其他相关法律的规定，使用行政审批机构有关环境分析的成果。

关于知识产权和数据。获取者可以保留其雇员完成的发明专利所有权，或者经授权给予获取者的发明专利的所有权。获取者可以选择自费、及时提交此类发明的专利申请，也可以有条件地选择不提交此类专利申请。获取者不提交专利申请的，应将其权利和权益转让给 NPS，由 NPS 提交此类发明的专利申请。获取者应与 NPS 合作完成专利申请程序。权利和权益转让应遵守获取者有关其发明在全球实施或者已经实施的非排他性、不可撤销性、付费许可等保留的约束。获取者对其发明专利，或者其获授权的发明专利，同意授予美国政府非排他的、不可转让的、不可撤销的、付费许可的权利，在世界范围内由美国政府或者其代表实施或者持有已经实施的发明。为此，获取者应与 NPS 签订额外协议，确认此类非排他授权。美国政府对本协议下提供给当事人的所有信息享有不受限制的权利（unlimited rights），受版权保护的信息和本协议规定的专有信息（proprietary information）除外。获取者授权 NPS 及其代表使用、繁殖、创造衍生产品以及在任意媒介发布和展示研究报告的权利，以及应用其发明专利从事研究、教育或者政府目的的其他活动的权利，当事人有其他书面约定的除外。

6. 期限（**term of agreement**）

根据相关产品的专利保护状态，CRADA 的"期限"可以分为两种。对于相关产品已经取得专利权的，CRADA 自当事人签署之日起生效，自相关产品专利截止或者放弃之日终止，或者依本协议"终止"条款规定终止。对于专利尚未公布的，CRADA 自当事人签署之日起生效，初始有效期 5 年，除非依照本协议"终止"条款规定而终止。初始有效期行将截止时,获取者有权以书面形式通知国家公园延期,续期 5 年。任一当事人依照本协议"终止"条款的规定提出终止协议时,或者获取者未能尽职将相关产品付诸实际应用时,获取者无权申请延期。

7. 工作协调(key officials)

CRADA 为保障当事人有效协调和交流,专门规定了"工作协调"条文,指定协调机构。获取者将所需协调事项发送国家公园指定的协调机构并抄送国家公园的主管,国家公园则发送给获取者指定的协调机构。

8. 事先许可(prior approval)

"事先许可"需列明 CRADA 其他条款所指许可事项以外的其他许可。

9. 产出与报告(deliverables and reports)

CRADA 第 9 条"产出与报告"分为"惠益分享义务"和"报告"两款。其中,"惠益分享义务"共有 6 项:其一,如果已经在 CRADA 中指定了"产品"为何物的,获取者应与 NPS 按照本协议附录的规定分享货币和非货币惠益;如果尚未指定"产品",而且 NPS 拟进行惠益谈判的,获取者应按照本协议第 1 条所援引的科学研究与收集许可的相关要求,从事发明和研究成果的商业或者营利活动。同时,应该在未来产品商业利用前按照本协议的规定修订本协议。其二,支付方式。获取者应按照附录约定的方式,扣除所有非美国税后,及时以美元计价支付货币惠益。这些付费可包括一次性预付费、年度维护费或者绩效,具体由当事人商定。除一次性预付费以外,所有付款应于每年 10 月 1 日付清。NPS 需要修改支付方式的,可以提前 30 天通知获取者。其三,逾期付款。对于逾期支付的款项,获取者应每 30 天支付其逾期部分及其利息。利率将根据联邦登记册每年 10 月 31 日前发布的联邦政府应收款逾期未付的财政资金现值率确定。其四,非货币惠益。获取者应提供附录所约定的非货币惠益给 NPS。如果获取者是联邦机构,获取者将其联邦所有的发明的权利和权益授予 NPS,授权 NPS 以此发明从第三方处获得货币惠益。其五,NPS 对惠益的使用。NPS 应将惠益用于资源保护、管理以及其他与《联邦技术转让法》要求相一致的活动。其六,关于溢缴款。NPS 有权将获取者的溢缴款抵扣下一年度的应付款。

"报告"包括"发明专利披露""专有信息""研究报告""付款报告""记录"等五项。第一,获取者应向 NPS 披露每项可申请专利等知识产权保护的发明创造的技术细节,以便审查人员能够利用或者使用这一发明。获取者的披露应早于其向各国知识产权主管部门提交专利等知识产权申请书。披露的信息应该包含所有法律要求(statutory bars)以及后续法律要求(subsequent statutory bars),如在美印刷出版、公众利用或者销售。获取者披露的信息应当被标记为保密信息。第二,获取者应发布一项专有声明,宣示其向 NPS 披露的信息为"专有信息"(proprietary information)。NPS 仅能将专有信息用于执行本协议,未经获取者同意,不得将其披露、复制、翻印或者通过其他方式传播给第三方。依法须予披露的信息除外，如《信息自由法》（*Freedom of Information Act*）。若逢享有管辖权的法庭要求 NPS 披露专有信息，NPS 应事先通知并与获取者协商。NPS 应全力防止专有信息的未授权披露行为。第三，获取者应编制本协议相关研究、开发和商业利用活动的年度报告，并以书面形式提交给 NPS。获取者应在报告中明确概述本年度专利、发明、研究成果、研究计划以及对相关法律法规政策的遵守情况。NPS 有权要求获取者进一步提供报告内容相关文件复印件和其他信息。获取者应额外提供一份非保密、非专有的信息摘要，以便 NPS 向公众披露。第四，支付报告需根据获取者的盈利对象确定。如果获取者通过许可或者转让技术获利的，需要向 NPS 书面报告以下内容：①支付时期；②盈利数量和方式；③NPS 所得费用的计算方式。如果获取者通过产品销售获利的，需要向 NPS 书面报告以下内容：①支付时期；②可支付的净销售额数量和描述；③支付时期内所有产品、发明、技术转让、销售、许可所得总收入；④NPS 所得费用的计算方式。第五，获取者应保存本协议下所发生的所有许可和销售总收入的详细记录 5 年，以便 NPS 核查。NPS 可以指定独立审计人员对这些报告和记录进行审计。

10．成果发表（publications of research results）

任何一方都不得单方面发布联合出版物。但此限制不适用于以前联合出版的有关技术事项的单独出版的大众出版物。本协议所产生的出版物可以独立出版或者与他人合作出版，但应当给予信息发布方适当荣誉。如果未能就成果发布或解释的方式达成协议，则任何一方可在适当通知并向另一方提交拟议稿件后单独公布其信息。在此情形下，发布信息的当事人应对合作给予应有肯定，但对于有任何意见分歧的陈述承担全部责任。NPS 和获取者应充分确保专有信息被不法披露，以及专利权受到损害。一方有权拒绝另一方的成果发表建议，但应在约定时间内及时反馈拒绝意见。若逾期，则视为同意发表。

11．财产利用（property utilization）

若无专门书面协议约定，获取者提供给国家公园的所有财产，都应视为国家公园的财产，并按照本协议和《NPS 财产管理条例》的规定使用和保存。国家公园提供给获取者的所有财产，应视为美国联邦政府的财产。

12．修订、终止与争端（modification，termination and disputes）

如果当事人书面同意，可以修订 CRADA。

如果任何一方未能遵守本协议的任何重要条款和条件，并且在收到书面通知 60 日后未能纠正违约行为，则任何一方均有权终止本协议。如果获取者或者其许可的授权人有以下情形，则 NPS 有权立即终止本协议，无须书面通知获取者：①提出破产申请、裁定破产、无力偿债、解散或者中止其业务、为债权人利益而转让。获取者应在提出破产申请，或者依照《破产法》提出类似请求，或者提出转让请求后 5 日内通知 NPS。②自产品开始配送或者销售起，一年内未能配送或者销售任何产品。③获取者解散或者终止运行。在确定符合公众最大利益的情况下，NPS 可在政府要求的情况下随时终止本协议，但 NPS 应提前 5 个工作日通知获取者。协议终止后，获取者应提交终止报告，报告截至终止日的研究成果。协议的终止不影响当事人在终止日前取得的权利和义务。本协议的终止或者到期无论如何实施，都不应使当事人免于本协议第 5 条 A 款和 G 款、第 9 条、第 13 条 G 款第 2 项、第 13 条 H 款规定的权利、责任和义务，以及附录规定的付费和各项惠益。NPS 所得非货币和货币惠益将在终止时由 NPS 保留。

在根据本条款解决任何争议或索赔之前，双方同意按照 NPS 签字人的指示努力履行所有义务。NPS 和获取者应尽最大努力解决双方争议。签署人对本协议下所有未能协商解决的争议，应联合提交给本协议负责人。负责人或者其指定的责任人应解决争议。如果负责人未能在合理期限内解决争议，则应将争议提交给 NPS 局长和获取者的最高级管理人员如总裁或者首席执行官，或者他们指定的人。

如果 NPS 和获取者无法解决争议，则可以考虑按照美国仲裁协会的规则提请仲裁。

如果仲裁不具法律约束效力，或者无法履行仲裁决议的，NPS 和获取者均有权采取法律救济措施。

13. 必要和标准条款（required and standard clauses）

非歧视——本协议内所有活动应当遵守美国现行法律法规和政策的规定，不得歧视人种、肤色、性取向、来源国、残障、宗教、年龄或者性别。

宣传与归属——获取者不得发布或者以其他方式传播宣传材料，如广告、销售手册、新闻、演讲稿、静态和动态图像、文章、手稿等，宣称或者暗示政府、政府机构及其工作人员承认获取者的某种商业活动、产品、服务或者立场，也不得发布任何宣称或者暗示政府许可或者认为其产品优于其他同类产品或者服务的信息。NPS 不得直接或者间接地宣传获取者及其"材料"或者权利受让人提供的产品或者服务。

未经国家公园事先许可，获取者不得将国家公园、国家公园管理局、内政部的名称（含全拼和首字母缩写）和标识用于与本协议直接或者间接相关的任何专利、产品或者服务的宣传信息。

应 NPS 要求，获取者及其受让人将在与本协议直接或者间接相关的发明、产品或者服务的宣传中使用 NPS 提供的消息。

获取者保证所有公开信息中将包含以下免责内容："本材料中的观点和结论仅代表作者的观点和结论，不应被解读为美国政府的意见和政策。所提及的商品名称或者商品也不构成美国政府的认可。"

获取者发布任何涉及内政部或其内设机构、工作人员或者本协议内容的公开信息，均需得到 NPS 的事先许可。获取者应将信息草案（如具体文本、版式、图片等）与许可申请一并提交给国家公园。

获取者应将本协议第 13 条 B 款纳入获取者与第三方达成的授权书或者转让合同。

《反缺陷法》——本协议所包含的任何内容，均不得解释为对 NPS 支付国会为本协议目的所拨款项超额部分具有约束力。

遵守适用的法律——当事人应遵守所有适用的法律法规和已经核准的条约、国际协定或者公约，无论其现在是否生效、颁布或者实施。本协议所包含的内容不得以任何方式解释为损害 NPS 依法依规监督、管理、调解其雇员和财产的权利。

国会成员——美国国会成员、代表或者常驻专员都不得接受本协议的份额或者部分，也不得接受本协议所产生的任何惠益。

附加条款——本协议及其附录构成并包含当事人的完全合意，替代当事人有关其标的物的任何和全部口头或者书面的先前谈判、沟通、谅解和约定。

若本协议任何条款被认定为无效或者非法，其应不影响其余条款的效力和可执行性。

不得放弃本协议的任何条款或条款，除非此类放弃或同意书以书面形式并由声称已放弃或同意的一方签署，否则不得放弃。放弃违约行为不得被视为放弃不同或随后的违约行为。任何一方未能执行或者延迟执行、部分执行本协议任何允诺、权利或者救济措施，不应被视为或者解释为放弃该等权利，也不应在一个或多个情况下被任一当事人解释为构成持续豁免或者在其他或其后的情况下放弃。

后续法律法规和政策导致任一当事人无法合法履行本协议及其任何内容，且造成损失的，则该当事人不应被视为违约。

获取者不是美国政府、内政部或者 NPS 的代理人或者代表，在与第三方的合作中，其也仅代表自身。NPS 工作人员并非获取者的代理人，在与第三方的合作中，其也并非代表自身。本协议不创设任何联合投资、联合企业或者其他机构。

本协议的结构有效性、效力和效果受联邦法律管辖。

所有与本协议有关或本协议要求的通知均应以书面形式提出，并应直接寄给协调机构，并抄送本协议签署人。

本协议中的主标题、副标题、篇章和段落序号仅为方便行事，不得解释为对协议条文的范围和内容进行界定或者限制，也不得解释为影响本协议。

本协议任何条文本身及其性质已合理约定在本协议到期或者终止后继续有效的，应当在本协议到期或者终止后继续有效并得到执行。本协议有效期内和与本协议有关的任何实际的或者视情而定的责任应在本协议到期或者终止后持续有效。

授权和受让人——未经所有当事人事先书面同意，本协议、其部分或者其权益不得被直接地或者间接地、自愿地或者非自愿地转让或者授权。本协议应对任一当事人权力和利益的受让人具有约束性。一方当事人的利益的受让人,应当向另一当事人以书面形式明确保证执行本协议所有条文。获取者同意要求其受让人以书面形式明确保证执行本协议所有条文。任何授权均不得减损让与人在本协议下所承担的义务。

担保、责任与赔偿——除联邦法律规定的情形以外,美国政府不对本协议下产生的任何发明的使用和生产承担责任,也不对本协议所产生的任何专利或者版权的受侵害承担责任。NPS 不明示或者暗示对本协议所产生的有形或者无形的研究、发明或者产品条件,以及特定发明或者产品的所有权、适销性或者可用性进行担保。本条规定在本协议终止后继续有效。

获取者认同美国政府无损害,并使其免于赔偿由发明、产品的研究、开发、销售、使用或者其他处理方式所造成的责任、要求、损害、开支和损失。因此,美国政府不应被视为获取者的受让人。本条规定在本协议终止后继续有效。

任何一方均不应对超出其合理控制范围之外的不可预见事件承担责任,由于该方过失或者疏忽导致该方不能履行本协议项下义务的除外。不可预见事件如:洪水、干旱、地震、风暴、火灾、瘟疫等自然灾害,流行病,战争,骚乱,内乱,罢工,劳资纠纷,国家公园设施失效或者收到失效或者破坏的威胁,法院或公共机构的任何命令或禁止令。如果发生不可抗力事件,未能履行本协议的一方应立即通知另一方。同时,其应尽力恢复履约能力,并在必要的时间段内中止履约。

根据《联邦侵权索赔法》的规定,NPS 应对其雇员的作为或者不作为负责,并在其就业过程和范围内有效。在适用法律允许的范围内,获取者应对其员工的疏忽或者错误作为或者不作为承担责任,并在其雇用过程和范围内有效。

获取者承诺购买单项索赔额不低于 100 万美元、一次事件多项索赔额不超过 300 万美元的公众和员工责任保险。保险合同应将美国政府作为额外被保险人,应规定被保险人无权代位清偿美国政府在本协议项下应得的任何保费或者免赔额,还应规定保险应由承保人承担,并由被保险人承担全部风险。在开始本协议的工作之前,获取者应向 NPS 提供此类保险范围的确认信函。

14. 签名(signatures)

CRADA 需要国家公园主管、获取者签字,提交 NPS 区域主管和分管自然资源管理和科学事务的 NPS 副局长签署。

15. 附录(appendix)

附录 A 列举了指导性的货币惠益(表 5-2),国家公园和获取者需要从列举的各项货币惠益中谈判选择。国家公园也可以视具体情况选择其他货币惠益。附录 A 列举的货币惠益包括:预付费、基于许可所得收入的绩效、基于销售所得收入的绩效、年度维护费等,同时要求获取者应在每年 10 月 1 日向国家公园支付年度付费。各项货币惠益的优势与挑战见表 5-3 分析。如果国家公园没有提出货币惠益共享要求的,应另行申明："国家公园不要求获取者因产品商业使用而支付任何费用。但未来产品商业利用前应当按照本协议第 5 条 B 款和第 12 条 A 款的约定重新修订本协议。"

　　按照《国家公园管理局惠益分享手册》的要求，国家公园和获取者还应商定非货币惠益（表 5-3）。NPS 将非货币惠益分为四种类型，即知识和研究关系、培训与教育、研究相关物资与设备、专门服务（如实验室分析）。

表 5-2　美国国家公园管理局认定的货币惠益

	货币惠益示例
预付费	在某国家公园和某公司签订的 CRADA 中，该公司承诺提供 50 000 美元的预付款，每年分 5 次支付 10 000 美元，抵消以后支付给该公园的绩效付费
年度维护费	某公司按年度支付一定数量的货币，以便抵消或者不抵消以后的绩效付费
绩效	绩效付费以不同类型的产品毛收入的百分比计价
进度付费	某生物制药公司使用某国家公园采集的样本研发出某种疫苗，承诺在研发计划列明的不同阶段结束时支付专门费用
进度付费	为获得某生物燃料相关发明的专属许可，某公司承诺在其达到指定阶段如产品销售时，向某国家公园支付专门费用
其他	若 NPS 享有 CRADA 所产生的某专利的共同权益，则其共同所有人可以支付专利维护费

表 5-3　各项货币惠益的优势与挑战

类型	描述	优势	挑战
预付费	协议签订后一次性支付的费用	能够促使获取者积极开展商业化	NPS 取得惠益分享经验后将制定一次性付费的合适规模
年度维护费	协议有效期内每年一次的付费	能够确保双方重视协议并履行其义务	某些情况下，少量的年度付费对 NPS 而言无异于累赘
绩效	支付较为频繁，产品商业化收益流的百分比	能够给予 NPS 公平回报	应对当事双方具有公平性，如果某公司无收益，则不应支付。NPS 取得惠益分享经验后将制定一次性付费的合适规模
进度付费	以研究和开发约定时期或者阶段为指标的付费，非日历时间	非 NPS 一方能够预知付费时间	约定时期或者阶段的推迟，将延迟 NPS 取得相关惠益

表 5-4　美国国家公园管理局认定的非货币惠益

	非货币惠益示例
知识和研究关系	知识产权——另一联邦机构拥有基于 NPS 授权或者许可所取得的发明，并授权部分利益给国家公园（如果某国家公园被认定为联邦实验室，则其能够从知识产权第三方许可活动中获得货币惠益）
知识和研究关系	某公司拥有一项基于蚂蚁毒素的发明，其同意加入国家公园正在开展的为期 6 年的昆虫编目
培训与教育	在某国家公园和某公司签署的惠益分享协议中，公司承诺为国家公园的工作人员提供分子生物学技术培训
研究相关物资与设备	在某国家公园和某公司签署的惠益分享协议中，公司承诺为国家公园提供 DNA 提取试剂盒和 DNA 引物
专门服务	某公司通过研究 NPS 材料，并将其成果部分用于有蹄类动物疾病疫苗的发明，承诺为历史公园的患病山羊种群提供疫苗注射，并进行为期两年的动物监测

（三）文本评述

CRADA 等惠益分享协议的谈判与签署，必须和科学研究与收集许可、CSTA、MTA 或者《租赁协议》等前置性许可或者授权配合。简言之，只有取得收集许可或者签署获取协议的，才能谈判和签订 CRADA 等类型的惠益分享协议。同时，即便前置性许可或者授权已经期满截止，但其部分内容如"条款与条件"在 CRADA 有效期内，仍然具有法律效力，确保了当事人在先后两份协议中的权利义务的协调性和一致性。

1. 当事人

CRADA "提供者"一方是 NPS 下属的具体国家公园，而"获取者"是 CSTA 或者 MTA 的"接收单位"，而非"接收人"。换言之，在 CRADA 中，具体利用或者研究标的物的科研人员不是惠益分享协议的当事人，不享有 CRADA 的权利和义务。

按照《联邦技术转让法》和 NPS 有关规定，只有当某国家公园被 NPS 依法认定为"联邦实验室"时，其惠益分享合同才适用 CRADA。同时，CRADA 应当明确表明该国家公园被认定为"联邦实验室"。

2. 标的物

与 MTA 将资源作为标的物不同，CRADA 针对的是 MTA 标的物利用的产出，属于可期待利益，具体为商业化所产生的惠益，如商业利润、知识产权转让与实施所得、技术转让所得等。因此，当事人需要务求详尽地说明 CRADA 与各类获取许可或协议的关系、已经开展的工作、各方投入、取得的成果、拟商业化的具体用途和路径等。在获取资源阶段，获取者可能难以对研究和利用的最终商业产品无法准确预测。但当进入 CRADA 的惠益分享阶段时，获取者已经完全可以对其最终的市场产品进行清晰、准确的判断，因而应当在 CRADA 中约定商业产品的形态、名称以及其后续利用相关事项。这一合同模式，严格区分了不同阶段的标的物，使得不同阶段所产生的可预期的惠益更加清晰，有利于当事人在合同谈判过程中清晰界定自身权益主张，增强合同的公平性，从而降低合同违约风险。

3. 事先知情同意

诚如上文所述，CRADA 和各类获取许可或授权具有法律上的延续性，其有关惠益分享的各项约定建立在获取者向提供者——国家公园——全面披露和报告的基础之上。提供者全面知悉资源利用的产出后，才能作出有利于己的惠益选择。值得注意的是，CRADA 谈判和签署的时间是在获取者进行商业活动之前。虽然获取者此前已经取得获取许可或者研究授权，但并不具有商业化许可或者授权。因此，可以将 CRADA 看作提供者对获取者相关商业活动的事先同意。CRADA

对提供者的事先知情同意权利进行了延伸，扩展到商业活动的后期成果或者产品的再许可。虽然获取者对其商业成果或者产品的再授权不必事先得到 NPS 的许可，但其受让人必须全面接受 CRADA 有关提供者惠益分享的权利。

除国家公园主管和获取者签字外，CRADA 应按照法定程序依次由 NPS 区域主管、NPS 副局长审批和签署。NPS 具有行政管理职能，其审批和签署是国家公权对私法合同的直接介入。这种介入能够保障国家公园和联邦资产处于有效监管之下，也具有相当的行政授权效能。

4. 惠益类型及其分配方式

《国家公园管理局惠益分享手册》将惠益区分为货币惠益和非货币惠益，对各种惠益进行了列举，同时评估了预付费、年度维护费、绩效、进度付费等四类货币惠益的优势和挑战。总体上，CRADA 遵守了这些指导意见，但采取了对提供者即 NPS 更为有利的格式条文。

从合同结构来看，CRADA 在实质性条文中约定了许多强制性惠益的类型和分配方式，而在"附件"中提供的惠益则为可替代性的惠益。提供者在诸多公共利益领域享有强制性惠益分享权利，如数据共享、终端产品销售获利、发明专利申请和实施、报告发表、研究报告公益应用以及货币等方面。国家公园作为政府公权力的延伸，管理着辖地内的自然、历史和人文资源，代表联邦政府谈判和履行惠益分享协议。在这些公共利益或者政府利益领域，提供者和获取者遵守严格的格式条件，确保联邦作为资源所有者的利益最大化。当事人对强制性惠益及其分配是没有谈判和协商余地的。获取者必须承诺和接受强制性惠益安排，才能得到将其研究结果商业化的许可和授权，才能从自身前期投入中获得利益回报。当事人可以自主选择的仅是货币惠益的具体类型，以及其他非货币惠益，而这些惠益相对强制性惠益更多地体现国家公园的个性化需求。

从惠益类型来看，CRADA 涉及货币、知识产权、数据、终端产品等诸多领域。货币惠益的支付方式既有一次性付费，也有年度付费，充分体现了长期利益和短期利益的统一。绩效付费能够保障提供者持续获得回报，获取者若无收益则不付费，对双方具有充分的公平性。另外，有关欠费和溢缴款的规定，也体现了CRADA 制定者务求实效、实用、全面的立法原则，具有重要的借鉴意义。

5. 第三方转让

由于 CRADA 的标的物不是遗传资源，因此其不涉及遗传资源的第三方转让问题。不过，CRADA 对获取者将数据、发明专利、终端产品等转让、许可、授权给第三方的情形提出了若干要求，其中，获取者主要承担两项义务，即延续提供者权益和通报转让情况。在 CRADA 中，获取者只要在其与第三方签订的转让协议中全面继承由 CRADA 约定的提供者权利和特权，就可以将自身权利和权益转让给第三方，无须得到 NPS 或者国家公园的额外授权。虽然转让活动不需要事先授权，但获取者须要向 NPS 书面报告其转让活动。

与之对应的，CRADA 规定了提供者即 NPS 向第三方转让权益的条件和应承担的义务。获取者向 NPS 转让的发明专利是非排他的、不可转让的、不可撤销的、付费许可的。这意味着获取者可以在向 NPS 转让后，在不损害双方权益的前提下，可以向第三方转让。此外，如果获取者是联邦机构，则 NPS 自动享有获取者所有的发明专利的权利和权益，而 NPS 可以将此发明授权第三方并取得货币惠益。

6. 追踪与监测

CRADA 采用获取者报告的形式，构建了全过程、全方位的惠益分享追踪与监测体系。获取者的研究结果、商业化活动、终端产品预期、知识产权、技术转让、研究报告发布、产品销售和盈利、惠益支付等都需要向 NPS 提供翔实、完备的信息，将获取者商业活动的全过程置于 NPS 的全方位监督之下。

第三节　经验与启示

美国虽然不是《生物多样性公约》及其《名古屋议定书》缔约方，但作为生物多样性大国和生物产业强国，其生物遗传资源获取与惠益分享经验不可谓不丰富。国内生物产业蓬勃发展，生物多样性保护堪为各国模范，获取与惠益分享制度如此完备，这些或许正是美国在国际谈判中坚持以私法合同处理惠益分享的缘由。

按照人类是否对生物遗传资源进行改造，将其获取与惠益分享管理措施区别对待。对人为改造的生物遗传资源，由专利、新品种等知识产权法律调整，其获取与惠益分享由所有者自主决定；对未经人为改造、天然的生物遗传资源，联邦政府享有所有权，系联邦财产，需按照联邦和国家公园管理局的管理制度处理获取与惠益分享问题。美国在制度上将生物遗传资源的获取和利用划分为先后衔接的两个阶段，即获取和商业化。每个阶段采用不同的、前后衔接的、相互贯通合同范本。获取阶段使用许可或者授权如 MTA 等，约定采集活动或者科学研究活动；商业化阶段采用惠益分享协议如 CRADA 等，约定惠益分享安排。由于在这两个阶段合同标的物不同，可预见的惠益也不同，特别是在获取阶段商业价值尚未显现时，提供者出于保障惠益的需求，会提出范围大、收益快、数额高的惠益分享安排；而获取者出于成本、前景、风险的预期，倾向于提供范围小、支付时期长、数额低的惠益分享安排。如果在获取阶段就商定一揽子的惠益分享计划，对提供者和获取者双方而言，都不见得是效益最大化的最优选择。因此，美国相关法律和模式合同的导向性十分明确，任何科学研究为目的的获取，都应以商业应用为最终目标。因此，在管理上，获取阶段仅商定获取相关事宜，商业化阶段商定惠益分享事宜，给予提供者和获取者最大的法律灵活性，也使得惠益分享更加公平和合理。除此以外，美国模式还有许多值得思考和借鉴的地方。

一、协议当事人

《联邦技术转让法》等法律法规是美国政府处理天然生物遗传资源获取与惠益分享问题的根本性制度。通过天然生物遗传资源联邦所有、联邦实验室、NPS 管理体制等根本性制度，奠定了国家公园作为协议当事一方即"提供者"的法律基础。同时，依照其他相关法律法规，国家公园可以依不同情形享有接收、保留或上交货币与非货币惠益的权利。国家公园既是民事合同的主体，也是生物遗传资源的管理者。作为民事合同主体，国家公园的活动需要接受 NPS 的监督和管理；作为生物遗传资源的管理者，国家公园承担着资源保护、利用和管理职责。MTA 和 CRADA 将国家公园的两种法律角色融合一体，并内化到民事合同当中。需要注意的是，与 MTA 相比，CRADA 的"提供者"仅为生物遗传资源的接收单位，而非接收单位和接收人。在 MTA 中，接收单位除作为共同"提供者"一方需承担相应法律义务以外，还应起到对科研人员——接收人——及其相关活动的监督和管理职责。

二、标的物

由于 MTA 和 CRADA 分别适用于获取与惠益分享的不同阶段，两者的标的物必然有所差异。MTA 主要解决天然生物遗传资源的获取和科学研究，CRADA 则聚焦前期研究成果的商业转化，两者主题分明、依次递进，构成联立合同，达到分阶段有效监管的实效。从标的物涉及的范围来看，MTA 和 CRADA 分别做了非常细致和明确的规定。例如，MTA 要求描述材料的专一编码，CRADA 有关"产品"的约定，等等。在协议文本上，MTA 和 CRADA 做到了一个文本针对一个主题，一个文本解决一个事件。

三、事先知情同意

实质上，MTA 和 CRADA 是作为"提供者"的国家公园对其资源的分步骤事先同意或者分段授权。从事先知情同意的范围来看，MTA 涉及标的物的获取、转让、研究等活动，CRADA 涉及研究成果商业化、成果转让、知识产权申请与商业化、研究报告发布、终端产品市场销售等活动。国家公园虽然是 MTA 和 CRADA 的当事人，但 NPS 的事先知情同意权利贯穿整个生物遗传资源价值链，从获取到研究，到商业化，再到转让，获取者的每一项活动都需要得到 NPS 的事先授权。同时，通过事前报告制度，NPS 能够全面、及时掌握研究和商业化进展，将国家公园和获取者的相关活动全部纳入监督视野之内。

四、惠益安排

除提供者名誉权以外，MTA 不涉及惠益分享安排。不过，MTA 主张的提供者名誉权即标的物来源披露，在某种程度上就是发展中国家所希望的一种提供者权利。在出版物、专利申请时披露生物遗传资源来源，是发展中国家坚持的主要观点之一，目的在于加强对生物遗传资源利用的追踪和监督。MTA 以名誉权的形式将其固定下来，获取者则有相应的合同义务在成果出版和申请专利时披露生物遗传资源来源。但这一合同义务如何与知识产权法衔接，披露形式如何，以及不披露所造成的专利法后果等，则需要深入考察。

CRADA 将惠益区分为强制性惠益和可替代惠益的做法十分具有借鉴意义。美国法律将天然生物遗传资源视为国家公器，NPS 和国家公园在获取与惠益分享活动中兼具资源所有者和行政管理者角色，有必要在合同中体现国家利益和社会公益。强制性惠益正是体现了这一国家利益和社会公益的需求，也保障了天然生物遗传资源作为联邦财产的法律地位不被动摇。相比之下，可替代惠益则更多地体现了国家公园作为民事权利主体的个性化需求。由管理者划定可替代惠益的框架，民事权利主体按照自身需求自主商定。两相结合，兼顾了整体利益和局部利益，保障了国家利益和个体利益，相得益彰。

五、第三方转让

总体上，无论 MTA 还是 CRADA 有关第三方转让的规定，都体现了事先许可和权利延续两项基本原则。除禁止转让的情形外，所有转让活动都需要得到 NPS 的事先知情许可，同时 NPS 基于合同的权利和权益应该在转让合同中得到延续。这既保证了 NPS 知情权、管理权不被削弱，更保障 NPS 在后续活动中延续监管和持续受益。

六、争端解决

MTA 没有专门的争端解决条款，但通过"提供者免责"相关规定避免了部分可能出现的争端。MTA 明确约定，国家公园和 NPS 不对标的物的安全性和可用性负责，不对其研究成果是否具有商业前景提供担保，同时也不对获取者今后利用标的物可能造成的知识产权侵权行为提供担保。国家公园和 NPS 仅承担因自身严重过失或者故意不当行为导致的法定责任。免责条款为提供者构建了一块保护盾牌，几乎规避了在获取和研究过程中可能出现的所有侵权和违法责任，有效预防提供者将来卷入其授权行为所引发的可能争议之中。

CRADA 在"修订、终止与争端"条款对争端解决协议争议的机制进行了约定。CRADA 尤为重视通过协商和协调来解决 NPS 和获取者的争端，规定了从直接责任人到协议签字人，再到 NPS 和获取者最高决策人的协调程序。每一级的协调人员都应尽力解决纷争。如果上述协商程序用尽而不能解决分歧的，可以申请仲裁，继而还可以采取诉讼等其他法律救济措施。当事人直接协商，是 CRADA

解决争端的总体倾向。

七、追踪与监督

　　全流程翔实的报告和通报是 MTA 和 CRADA 约定的最主要追踪与监测手段。获取者在 MTA 下有提交年度报告、成果报告、转让报告等义务，同时在 CRADA 下有提交知识产权报告、付款报告等以及保存销售记录备查等义务。此外，在 CRADA 中，获取者还对一些不需要 NPS 事先许可的事项承担通报义务。除部分约定的专有信息以外，获取者应当将标的物获取、研究、转让、知识产权保护、商业活动、盈利等所有相关信息全面和详尽地披露给提供者。这种全过程、全方位的信息报告和通报制度，能够使提供者对资源转让、惠益生成以及价值链应用等全面掌控，进而做出最优的获取授权和惠益选择；也能够为管理者进行生物遗传资源监管提供必要的基础数据和信息，是其做出最佳决策的重要依据来源。

第六章　我国生物遗传资源相关协议案例研究

　　我国自 2016 年加入《名古屋议定书》以来，各项法律制度和管理机制正在逐步建立和完善。目前，相关主管部门尚未发布获取与惠益分享"共同商定条件"或"示范合同条款"。《畜禽遗传资源进出境和对外合作研究利用审批办法》第五条[①]和第七条[②]规定，从境外引进或向境外输出畜禽遗传资源的单位，在提请主管部门审批时，应当提交畜禽遗传资源买卖合同或者赠与协议；第九条[③]要求在境内与境外机构或个人合作研究利用畜禽遗传资源的单位，提出申请时应当同时提交"合作研究合同"。然而，该办法并未对"买卖合同或者赠与协议"或者"合作研究合同"的内容提出具体而明确的要求。

　　2014 年，环境保护部（现生态环境部）、教育部、科学技术部、农业部（现农业农村部）、国家林业局（现国家林业和草原局）、中国科学院等六部门联合印发《关于加强对外合作与交流中生物遗传资源利用与惠益分享管理的通知》，规定对外提供生物遗传资源的"项目合同"应披露生物遗传资源的来源、研究目的、应用前景等信息，同时强化知识产权共有、技术转让以及其他体现国家利益的惠益分享安排，明确向第三方转让的限制条件及惠益分享要求。该通知系国内有关生物遗传资源获取与惠益分享的较为全面和系统的政策指导，但也没有提供"项目合同"范本，在实践上仍然缺乏明确具体的政策指引。

　　尽管如此，《畜牧法》[④]和《种子法》[⑤]等相关法律法规的有关规定，可为制定

---

　　① 拟从境外引进畜禽遗传资源的单位，应当向其所在地的省、自治区、直辖市人民政府畜牧兽医行政主管部门提出申请，并提交畜禽遗传资源买卖合同或者赠与协议。

　　② 拟向境外输出列入畜禽遗传资源保护名录的畜禽遗传资源的单位，应当向其所在地的省、自治区、直辖市人民政府畜牧兽医行政主管部门提出申请，并提交下列资料：（一）畜禽遗传资源买卖合同或者赠与协议；（二）与境外进口方签订的国家共享惠益方案。

　　③ 拟在境内与境外机构、个人合作研究利用列入畜禽遗传资源保护名录的畜禽遗传资源的单位，应当向其所在地的省、自治区、直辖市人民政府畜牧兽医行政主管部门提出申请，并提交下列资料：（一）项目可行性研究报告；（二）合作研究合同；（三）与境外合作者签订的国家共享惠益方案。

　　④《畜牧法》第十六条：向境外输出或者在境内与境外机构、个人合作研究利用列入保护名录的畜禽遗传资源的，应当向省级人民政府畜牧兽医行政主管部门提出申请，同时提出国家共享惠益的方案；受理申请的畜牧兽医行政主管部门经审核报国务院畜牧兽医行政主管部门批准。

　　⑤《种子法》第十一条：国家对种质资源享有主权，任何单位和个人向境外提供种质资源，或者与境外机构、个人开展合作研究利用种质资源的，应当向省、自治区、直辖市人民政府农业、林业主管部门提出申请，并提交国家共享惠益的方案。

实施获取与惠益分享合同范本提供法律依据。目前，我国部分研究机构和科研人员已经进行了签署或制订获取与惠益分享协议的探索实践，相关经验也能够为国家制订"共同商定条件"或"示范合同条款"提供借鉴。

第一节　生物遗传资源相关协议案例

一、野生植物遗传资源相关协议

中国西南野生生物种质资源库项目（以下简称"种质资源库"），是国家发展和改革委员会批复的国家重大科学工程，依托中国科学院昆明植物研究所建设和运行，项目总投资 1.48 亿元，建设内容包括种子库、植物离体库、植物 DNA 库、微生物种质库（依托云南大学共建）和动物种质资源库（依托中国科学院昆明动物研究所共建），以及植物基因组学和种子生物学实验研究平台。2009 年底，项目通过国家验收，现已建成有效保存野生植物种子、植物离体材料、DNA、微生物菌株、动物种质资源的先进设施，建立了种质资源数据库和信息共享管理系统，建成集功能基因检测、克隆和验证为一体的技术体系和科研平台，具备强大的野生种质资源保藏与研究能力，保藏能力达到国际领先水平。目前，种质资源库累计保存 10 285 种野生植物 82 746 份种子，植物 DNA 库保存 6 804 种 60 450 份样品，植物离体库保存 2 043 种 24 000 份遗传材料，植物种质圃引种 437 种 45 980 份种质，动物种质资源库保存 2 154 种 58 797 份种质，微生物种质库保存 2 260 种 22 600 份种质[①]。种质资源库为全国 42 个单位提供种质材料，支持相关研究和科学技术的发展，累计分发种子 10 092 份，约占总份数的 1/6；向中国科学院昆明植物研究所各部门和课题组分发小苗 76 批次 1 360 多份 13 000 多株。

种质资源库早已制订了《生物遗传材料与数据提供协议》范本，在向国内外科研机构和人员提供遗传资源时，约定相关权利和义务。2014 年，《名古屋议定书》生效后，种质资源库对原协议范本进行了更新和升级，发布了分别适用于中国科学院昆明植物研究所内部和外部单位的新版《生物遗传材料与数据提供协议（内部版）》和《生物遗传材料与数据提供协议（外单位版）》。

（一）《生物遗传材料与数据提供协议（内部版）》

1. 文本结构

《生物遗传材料与数据提供协议（内部版）》由序言、正文和"分发清单"组成。序言部分介绍了种质资源库的性质、目标和工作内容，特别强调其对实现《生物多样性公约》三大目标的贡献。正文部分由"商业化与惠益分享""转让第三方"

① 资料来源：中国西南野生生物种质资源库，http://www.genobank.org/.

"数据的使用""涉外申请""免责声明""保留权利"等 6 条组成。"分发清单"详细列出了向中国科学院昆明植物研究所提供的种质类型、用途、序列号、采集编号、物种拉丁名、分发数量等信息。其中,"种质类型"包括种子、DNA 材料、DNA 提取物、数据、萌发小苗及其数据,"用途"包括研究、保存和其他。

2. 核心内容

关于商业化与惠益分享。接收方不得将生物材料或其后代、衍生物通过买卖、有偿使用或其他的营利性方式商业化。任何商业化活动必须首先得到种质资源库的书面许可,在共同商定的条件下达成惠益分享安排,并签署相关协议。

关于第三方转让。接收方任何将材料或其后代、衍生物转让给第三方的行为,必须事先得到种质资源库的书面许可。

关于数据的使用。遗传资源附属信息或数据的知识产权归属于"中国西南野生生物种质资源库"。这些信息和数据可用于科学研究、学术交流或公众科普。未经种质资源库的书面许可,不得将这些数据和信息商业化。

关于涉外申请。种质资源库严格限制遗传资源外流,对于需要出境的生物材料,需由接收方负责提供所在国有关的遗传资源进口许可、检验检疫证书及其他相关的许可。

内部版以脚注的方式建议签署人在"发表文章""出版书籍等"等时,致谢"中国西南野生生物种质资源库国家重大科学工程项目"。内部版签署人为接收方个人和接收材料的中国科学院昆明植物研究所下属部门或课题组负责人。

(二)《生物遗传材料与数据提供协议(外单位版)》

1. 文本结构

《生物遗传材料与数据提供协议(外单位版)》由序言、正文和清单组成。序言部分与内部版一致。正文部分由"种子用途""商业化与惠益分享""转让第三方""数据的使用""种子出口""责任或免责声明""利益共享""保留权利"等 8 条组成。清单详细列出了向其他单位提供的材料类型、用途、序列号、采集编号、分类学信息、数量等信息。其中,"材料类型"包括种子和数据,"用途"包括研究、保存和其他。

2. 核心内容

外单位版明确将种子用途限定为"公益性科学研究"。未经种质资源库事先书面许可,以及共同商定条件下作出惠益分享安排并签订相关协议的,接受者不得将野生植物种子或其后代、衍生物以任何营利性方式商业化。

"利益共享"主要约定接受者的来源披露义务,以及种质资源库的名誉权等。具体为:利用协议所涉资源和相关信息取得的研究成果应注明资源和信息来源,并向种质资源库致谢。出版物应提交一份复印件给种质资源库。若接受者违反此项约定，种质资源库保留追责的权利，并不再提供任何材料和信息给接受者。这项内容在内部版没有专门规定。

外单位版有关的"第三方转让"的规定，与内部版一致，同样要求接受者在将任何材料或其后代、衍生物转让给第三方前，必须得到种质资源库的书面许可。此外，外单位版有关"数据的使用"和"种子出口"的规定，与内部版对应的"数据的使用"和"涉外申请"一致。

外单位版的签署人分别为"中国科学院昆明植物研究所"（甲方）和接受单位（乙方）。

二、微生物遗传资源相关协议范本

中国普通微生物菌种保藏管理中心（China General Microbiological Culture Collection Center，CGMCC）隶属于中国科学院微生物研究所，是我国最主要的公益性国家微生物资源保藏和共享利用机构。自 1985 年起，作为中国专利局（现国家知识产权局）指定的保藏中心，承担用于专利程序的生物材料的保藏管理工作。1995 年 7 月，经世界知识产权组织批准，获得《国际承认用于专利程序的微生物保存布达佩斯条约》国际保藏单位的资格。2010 年，成为我国首个通过 ISO 9001 质量管理体系认证的保藏中心。

CGMCC 广泛分离、收集、保藏、交换和供应各类微生物菌种，保存用于专利程序的各种可培养生物材料，开展微生物菌种保藏技术、分离培养技术、鉴定复核技术研究，收集和提供保藏菌种的资料情报，以及编辑微生物菌种目录。目前，CGMCC 保存各类微生物资源超过 5 000 种 46 000 余株，用于专利程序的生物材料 7 100 余株，微生物元基因文库约 75 万个克隆。现已发布实施《生物材料提供和利用协议书》和《数据利用协议书》两份合同范本，据此开展微生物遗传资源的提供、交换和保藏活动。

（一）《生物材料提供和利用协议书》

《生物材料提供和利用协议书》包含序言和 10 条正文条款。序言部分明示 CGMCC 和购买者（生物材料的接受和利用者）作为协议当事双方，以及宣示协议秉持《生物多样性公约》精神和原则。正文条款简明概括如下：

（1）要求购买者严格遵守国家关于微生物运输、进出口、科研、生产、环境保护、生物安全等领域的法律法规；以及明确规定 CGMCC 不接受和不提供国家规定的特定致病性生物材料。

（2）CGMCC 对于购买者因使用、处理、保存生物材料所造成的损害或伤害免责。

（3）购买者利用生物材料时，不得侵害 CGMCC 或第三方对该生物材料拥有的任何知识产权或其他权利；购买者应获得所有必需的知识产权许可，并就商业化开发生的惠益做出分享安排。

（4）未经 CGMCC 书面授权，购买者不得将生物材料以任何形式提供给第三方。

（5）CGMCC 不对长期实验室培养和保存的生物材料的性状和相关数据的准确性作出任何保证。

（6）因使用 CGMCC 生物材料发生损失的，CGMCC 不承担赔偿责任。若损失系由 CGMCC 或其工作人员故意或过失造成，CGMCC 承担不超过购买价格的金额。

（7）购买者收到不活或污染的生物材料，应于指定期限内书面通知 CGMCC，进行申诉处理。CGMCC 确认系生物材料本身质量问题的，给予免费更换；否则需要购买者重新购买。

（8）购买者利用 CGMCC 提供的生物材料发表论文或申请专利时，应根据 CGMCC 目录中载明的信息资料，说明生物材料来源和 CGMCC 保藏编号。

（二）《数据利用协议书》

《数据利用协议书》包含序言和 6 条正文条款。序言部分明示 CGMCC 根据数据所有者的授权同意，公开其生物材料数据，供公众合理利用。同时，协议书要求数据使用者同意并遵守以下条款：

（1）对于数据的质量和完整性，CGMCC 不做任何保证。使用者有完全责任核实、判断数据的正确性以及是否适合自己实际需要。

（2）数据免费提供给使用者，但仅允许应于非商业领域。

（3）在使用数据时，使用者负有完全责任，获得所必需的使用许可权，遵守获取敏感数据的限制。

（4）为保证数据的任何版权和其他所有权属于数据的所有者，数据使用者应在利用生物材料完成的研究成果中公开致谢，说明数据所有者和数据的提供者。

（5）数据使用者必须遵守提供者制订的其他条件。

（6）CGMCC 会根据有关规定的变化，对本协议书的内容进行必要的修订。修订后的本协议书发布在 CGMCC 的网站，即时生效。

三、国家自然科学基金委员会国际合作项目合同范本

国家自然科学基金委员会（National Natural Science Foundation of China, NSFC）是国务院于 1986 年成立的直属事业单位。NSFC 主要根据国家发展科学技术的方针、政策和规划，有效运用基金支持基础研究，制订和实施支持基础研究和培养科学技术人才的资助计划，为国家发展科学技术的重大问题提供咨询，同其他国家或地区的政府科学技术管理部门、资助机构和学术组织建立联系并开

展国际合作发。NSFC 现已逐渐形成和发展了包括探索、人才、工具、融合四大系列组成的资助格局。其中融合系列主要包括国际合作项目、联合基金项目、科学中心项目等多个项目类型。NSFC 鼓励科学家广泛参与国际合作与竞争，提高科技创新水平，积极支持境内外共同投资进行的实质性合作研究，鼓励和支持科学家组织与实施重大的国际合作研究，有选择地参与国际大型研究计划和国家重大科学工程的合作。NSFC 支持多双边协议下的合作研究，建立了多层次、多渠道、全方位的国际合作格局，现有主要国际合作项目类型包括：重大国际（地区）合作研究项目、双边（多边）国际合作研究协议项目和海外及港澳学者合作研究项目。

国际（地区）合作研究与交流项目包括重点国际（地区）合作研究项目、组织间国际（地区）合作研究与交流项目和外国青年学者研究基金项目，支持科研人员本着平等合作、互利互惠、成果共享的原则开展实质性国际合作与交流。NSFC 每年定期发布各类资助项目的申请指南，同时为国际合作类项目发布合作协议书合同范本。申请人在提交项目申报书前，需要对合作内容、知识产权、合作有效期等问题达成一致，并签署《合作协议书》。项目申请人应同时将申报书和《合作协议书》提交给 NSFC 审批。现以 2018 年发布的国际（地区）合作研究与交流项目指南规定的《合作协议书》范本为例，分析其对保护我国生物遗传资源主权、保障我国资源提供国利益、履行《名古屋议定书》相关义务等方面的优势与不足。

（一）《合作协议书》文本结构

NSFC 发布的《合作协议书》包含中英文版本，非常提纲挈领。全书共 8 条基本内容，包括：合作研究题目、双方主持人和主要参加者、研究计划和进度、经费来源和使用、知识产权、研究期限和变更、法律效力、双方签字。同时，NSFC 在每项下附上了简短的填写说明，阐明需要申请人填写的具体内容。合作双方可以根据现实需要，增加相应的条文，约定其他合作事项。《合作协议书》须使用含有合作双方单位信息的信笺纸打印。

自 2004 年以来，NSFC 和美国国家科学基金会（National Science Foundation NSF）开展生物多样性领域的交流与合作，并于 2009 年开始逐年发布《NSFC 和 NSF 生物多样性合作研究项目指南》，联合资助实施双边合作项目，为中美生物多样性领域科学家合作开展相关研究提供支持。2018 年，NSFC 发布年度指南，资助中美科学家"从基因、种系、生态系统等广泛的研究视角对地球生物多样性的描述和功能方面开展综合研究"。申请人必须整合遗传多样性、物种多样性、功能多样性 3 个维度对生物多样性开展综合研究，可以在这 3 个维度选择研究主题，如环境阈值和交替稳定状态下的食物网和群落稳定性，或生态系统复原能力、可持续性、生产力；空间和时间之间的生态进化反馈；共生关系的维持；对新性状的自然选择产生的遗传或物种多样性的研究；生态系统（包括气候变化）对人为干扰的响应；碳、氮和其他生物地球化学循环；宏观进化模式和进化速率等。项目执行期限为 5 年，中方资助强度为直接经费不超过 300 万元人民币/项，美方资助强度为最多不超过 200 万美元/项。申请人须具有合作基础，项目设计应体现"强强合作"和"优势互补"。中方申请人须提交中文申请书、美方合作者向 NSF 提交的英文申请书全文副本、双方签署的《合作协议书》三份材料。在《合作协议书》范本中，还附上中美生物多样性领域合作的英文版合同范本（sample agreement）——《联合研究协议》（*Joint Research Agreement*），进一步指导申报方填写。

（二）《合作协议书》主要内容

1. 合作研究题目

申请人须拟订项目名称，且中方申报书和美方申报书的中英文项目名称应当一致。

2. 双方主持人和主要参加者

申请人填写中美双方项目主持人信息，如工作单位名称、人员姓名、E-mail、电话、传真、地址等，以及主要参加者名单。

3. 合作研究计划、分工和进度

申请人须简述研究目的、内容、方法和技术路线。特别要清楚阐明合作双方分别承担的研究工作和相应的责任，各课题目标、任务、需要解决的关键问题以及课题负责人信息。必要时还应当拟订工作安排的时间进度表。

4. 经费来源和使用

申请人在本部分须列表简述双方合作研究的经费来源、数额和使用预算，具体主要包括差旅费、会议费、国际交流费、材料费、能源动力费、劳务费、管理费等。中方资助费用以人民币计价，美方资助费用以美元计价。必要时，还需外国合作方提供相关证明或书面承诺。

5. 知识产权归属、使用和转移

在《合作协议书》中，本部分内容主要约定项目全部研究成果的知识产权归属、使用或者共享相关内容。

在中美生物多样性领域合作项目《联合研究协议》中，本部分内容规定了以下内容：

① 共同研究成果的知识产权由所有参与单位和参与者共享，而对于一方独立完成、合作开始前完成或者合作开始后完成的成果，其知识产权由完成一方单独所有。

② 发表论文时，共同作者和致谢须由所有参加单位和人员按照各自在项目中的贡献商定。

③　一方就合作成果申请知识产权前，须征得另一方同意。另一方对其所有权无异议的，一方才可以提交申请。

④　未经双方书面同意，知识产权共同所有人不得将知识产权转让给第三方。

6. 研究期限、变更和退出

申请人须写明合作研究的起止日期、项目结题前相关人员变更或推出的程序等。项目成员在完成前退出的，须至少提前三个月通知其他所有项目成员。《联合研究协议》的修订须经当事人一致同意。

7. 法律效力

申请人须在本部分约定协议生效、有效期、终止等事项。申请人填写具体生效和终止日期，并将副本缴存至 NSFC 和 NSF。

8. 双方签字（签章）

合作研究项目的所有参与方均应签字或签章，写明签署时间和地点。

（三）《合作协议书》的优势与不足

NSFC 作为国家科学技术研究重要的资金来源渠道，其发布的《合作协议书》对于我国科研人员开展国际合作与交流而言，无疑具有极其重要的指导和引领作用。《合作协议书》简明扼要地规定了合作双方的权利和义务，同时也对合作双方商定具体的合作内容保留了巨大的谈判空间。当事人可以在《合作协议书》的框架内，友好商定合作的具体内容以及相关成果的权益。特别值得肯定的是，《合作协议书》对如何分配或占有合作研究成果的知识产权，进行了纲领性的规定，总体上持合作共享、独立独占、商定转让的原则，激发了科研人员开展国际合作与交流的积极性。

然而，随着《名古屋议定书》履约工作的深入，在防止遗传资源流失、保障国家自然资源主权、维护国家利益等现实需求下，《合作协议书》与《名古屋议定书》特别是其有关"共同商定条件"和"示范合同条款"的要求还存在很大差距，非常有必要进一步完善。具体而言，《合作协议书》在资源主权、资源提供者权益、资源转让和后续利用、争端解决等方面存在完善的空间。

目前，《合作协议书》重在约定合作方权利和义务以及合作研究具体事项的约定，但是没有针对研究对象如生物资源或者遗传资源的具体约定，存在重视知识产权、轻视资源权益的问题。在某些合作研究中，当事人可能难以在《合作协议书》中明确所涉及具体资源的名称、提供者、用途等信息，但可以对资源的权益归属、后续利用条件、原始提供人权益保障等进行原则性约定。具体如下。

1. 资源权益归属

《生物多样性公约》确立的自然资源国家主权原则，从法理上颠覆了对遗传资源属于"人类共同财产""人类共同遗产""无主物"的认知，终结了生物勘探"先占先得"的惯例，开启了遗传资源获取与利用的全新模式。因此，在开展涉及遗传资源的国际合作项目时,《生物多样性公约》提供了充分的国际法依据,可以在合同中对遗传资源的国家主权进行适当且必要的宣示。

2. 后续利用条件

在《合作协议书》中,契约重点是当事人的研究内容和知识产权处置,对资源利用未做必要规范。合作研究期间所利用的遗传资源,无论是由哪一当事人提供的,均应保证任何一方在合作研究期限届满后,不得未经提供方同意,另作他用。《合作协议书》期限届满后,需要将遗传资源用于其他用途或者有发现遗传资源新特性并加以利用的活动,都应该取得提供方事先知情同意。

3. 原始提供人权益保障

《合作协议书》缺乏对原始提供人权益的保障。本着《名古屋议定书》公平分享惠益的精神,遗传资源所有权归属明确的,或者有确定原始提供人的,合作研究当事人应考虑到所有权人或者原始提供人的权益。对于所有权不明确或者没有确定所有权人的,抑或没有原始提供人的,中方合作单位应从国家主权和国家利益的高度,确保国家在公平原则下享有最大了利益。因此,《合作协议书》需要增加原始提供人权益保障条款,包括道义上的和现实利益上的。具体而言,可以约定在研究成果发表时,向原始提供人或者所有权人致谢,成果共同署名,乃至知识产权共享等。当所有权人或者原始提供人的权益得到保障时,生物多样性保护和持续利用的积极性才能被调动起来。

4. 知识产权分配

《合作协议书》并没有具体规定的中外合作研究成果的知识产权分配原则。《联合研究协议》作为中美生物多样性领域《合作协议书》的范例,其有关知识产权处置的分配原则——合作共享、独立独占、商定转让——符合形式上的公平。如果从资源利用的角度来考量,这种安排容易产生实质上的不公平。按照《联合研究协议》现有安排,外方科研人员在合作结束后,利用合作期间取得的资源独立进行研究所取得的任何成果都享有排他的、独占的知识产权权利,显然有悖《名古屋议定书》的精神。因此,《合作协议书》应当加强对后期知识产权分配、实施和获益分配的指导,使其更加符合《名古屋议定书》的履约要求,也更加能够维护我国科研工作者的权益,以及国家的利益。

5. 第三方转让

《合作协议书》没有关于向第三方转让研究对象的条文,而《联合研究协议》仅对知识产权的转让进行了规定,即未经许可不得转让。在实践中,往往是由中外合作方共享研究对象,即便外方单位或者科研人员将资源转让给其他主体,也仅仅是从科研保密等视角主张自身权益。《合作协议书》的这种缺失,可以视为放弃了对研究对象——遗传资源——后续利用所产生惠益的权益主张,遗传资源流失的风险大增。因此,《合作协议书》应当加强对研究对象特别是遗传资源后续转让的指导。

6. 争端解决

《合作协议书》没有设置专门的"争端解决"条款，有关内容在"研究期限、变更和退出"和"法律效力"两条有所涉及，对协议终止和成员退出作出了要求。但这远远不能满足当事人解决合作研究纠纷的措施，应当对适用的法律法规、相关主管部门调解、当事人协商等内容提供更加具体的指导。

第二节　总体述评

中国科学院及其直属研究机构、国家自然科学基金委员会的科学研究和科技管理代表了国家科技发展水平和前进的方向，其发布实施的科技政策对国家相关领域的发展具有很强示范和引领作用。中国科学院及其直属研究机构一直是国内科研界的引领者，其许多管理制度均为国内其他高校和研究机构效法。国家自然科学基金委员会通过发布年度项目指南的形式，引导科学家开展前沿基础研究和应用研究。在一定程度上，两者发布的生物遗传资源相关合同范本代表了当前我国生物遗传资源获取与惠益分享私法合同的最新状态和最优水准。

从时间上来看，中国普通微生物菌种保藏管理中心（CGMCC）合同范本发布于 2010 年，中国西南野生生物种质资源库合同范本发布于 2014 年，国家自然科学基金委员会国际合作项目合同范本发布于 2018 年，均晚于《生物多样性公约》生效时间（1993 年），也晚于《波恩准则》通过之时（2002 年）。其中，有 2 份合同范本发布或更新于《名古屋议定书》达成之后（2010 年），1 份发布于《名古屋议定书》对我国生效之后（2016 年 9 月）。总体上，前述合同范本均存在一些共性问题，对我国全面履行《名古屋议定书》权利义务、保护国家资源权益带来诸多挑战。这些问题与不足主要体现在以下几个方面。

一、生物遗传资源所有者及其权利缺乏有效表达

《生物多样性公约》及其《名古屋议定书》规定了"自然资源"国家主权原则，一国享有其生物遗传资源主权和主权权利。根据《生物多样性公约》及其《名古屋议定书》，"遗传资源（genetic resources）"[①]是指具有实际或潜在价值的、来自植物、动物、微生物或其他来源的任何含有遗传功能单位的材料。从这个意义上来讲，当前我国宪法和法律法规均没有明确规定"生物遗传资源"的所有权。

总体上，按照我国《宪法（2018 年修订）》第九条的规定，"矿藏"和"水流"为全民所有或者国家所有，"森林""山岭""草原""荒地""滩涂"等"自然资源"

---

① 本报告中称为"生物遗传资源"，仅为区别于"人类遗传资源"。

的所有权依照法律的规定，可以分为全民所有和集体所有。《中华人民共和国民法典》（以下简称《民法典》）（2020年5月28日十三届全国人大三次会议通过）"总则编"和"物权编"延续了宪法有关自然资源所有权的规定。我国部分单项立法规定了部分生物资源——主要是生物个体——的所有权归属，例如，《中华人民共和国野生动物保护法》（以下简称《野生动物保护法》）规定"野生动物资源属于国家所有"。《野生动物保护法》进一步规定了何谓"野生动物"，即"珍贵、濒危的陆生、水生野生动物和有重要生态、科学、社会价值的陆生野生动物"，但没有对"野生动物资源"这一法律概念作进一步说明。作为《野生动物保护法》下位法的《中华人民共和国陆生野生动物保护条例》和《中华人民共和国水生野生动物保护实施条例》也没有对"野生动物遗传资源"进行解释和指导。《中华人民共和国森林法》（以下简称《森林法》）规定"森林资源属于国家所有，由法律规定属于集体所有的除外"。《中华人民共和国森林法实施条例》（以下简称《森林法实施条例》）进一步解释了何谓"森林资源"，即"包括森林、林木、林地以及依托森林、林木、林地生存的野生动物、植物和微生物"。此外，《种子法》有关"国家对种质资源享有主权"的规定，是我国法律中仅有的明确生物遗传资源国家主权的立法。但是，这并不能作为"种质资源"国家所有的法律依据。无论是宪法意义上的"自然资源"，《野生动物保护法》的"野生动物资源"，还是《森林法》的"森林资源"，虽然包括生物个体，但不能自然延伸到《生物多样性公约》及其《名古屋议定书》意义上的"生物遗传资源"。由此可见，我国现行法律法规关于生物遗传资源所有权的规定，或关注生物个体而语焉不详，或没有涉及，而对于生物体内"含有遗传功能单元"的生物材料的所有权归属仍然不明确。换言之，"自然资源""野生动物资源""森林资源"为国家所有或者集体所有，并不代表着"生物遗传资源"必然是宪法和其他单项立法意义上的"国家所有"或者"集体所有"。

正是国家法律在生物遗传资源权属上的缺位，生物遗传资源产权不清晰，所有者和管理者不明，导致生物遗传资源的无主状态，这对生物遗传资源获取和利用在总体上"先占先得"以及惠益分享失衡起到了推波助澜的作用。这一法律缺失完全呈现在中国科学院及其直属机构和国家自然科学基金委员会制定的合同范本中。在中国西南野生生物种质资源库的合同范本中，当事人申明履行《生物多样性公约》等国际法和双边协定的规定和精神，同时也对"遗传资源"进行了较为宽泛的界定，甚至超越了《名古屋议定书》相关内容。然而，这份协议的中方具体执行者——中国科学院昆明植物研究所——体现出的是生物遗传资源的采集者和保管者角色，其采集活动是否需要得到以及如何得到生物遗传资源所有权人或者实际持有人的同意，在法律上没有明确的规定。当事人权利和惠益分享处于"谁保管、谁主张""谁提供、谁享有"的状态。同样地，中国普通微生物菌种保藏管理中心合同范本也存在类似的问题。国家自然科学基金委员会国际合作项目的合同范本缺失更甚。与此形成鲜明对比的是，FAO-ITPGRFA-SMTA 的"第三方受益人"、WHO-PIP 防范框架的"WHO"、南非的"依照南非法律确定的法人或者自然人"、埃塞俄比亚的生物多样性研究所（EBI）和土著社区、美国的国家公园管理局（NPS）都明确了标的物的托管权或者所有权，奠定了所有权人共享惠益的合法性，为所有权人以公共利益为目标，参与惠益分享，提供了法律基础。

二、标的物缺乏一致和规范的表述

只有清晰、准确地界定了标的物，才能达成并全面实施当事人的民事合意。目前，由于各单位都是从自身资源保有现状和具体个案出发，在具体协议文本中单独约定标的物的概念，因而存在标的物界定缺乏一致性和规范化的情况。从法律文本释义的角度来看，《生物多样性公约》及其《名古屋议定书》对"生物遗传资源""遗传资源利用""衍生物"等均有清晰的界定，因此，哪些标的物适用上述国际法确定的事先知情同意、共同商定条件下公平分享惠益等原则，应当是明确的。即便各国根据具体国情和法制体系，对国际法框架下的法律术语扩大解释，在合同范本中标的物的概念和范围也应当是大致明确的。我国目前各单位发布的合同范本则呈现了五花八门、各有所展的现象。

中国西南野生生物种质资源库和中国普通微生物菌种保藏管理中心的合同范本没有明确定义标的物及其概念，而是采用"清单"的形式列举权利客体，包含种子或者数据、编号、基源物种的名称和数量等。国家自然科学基金委员会国际合作项目的合同范本主要对合作研究内容、经费来源、知识产权等进行约定，也没有对可能的研究对象进行界定。

这一现状所产生的原因仍然可以从我国现行法律法规的缺失上窥见。我国现行法律法规对国家保护物种的采集、收集和保藏采取了不同的行政许可模式，而在惠益分享上仅《畜牧法》《种子法》《中医药法》有十分原则性的规定。而《畜牧法》和《种子法》虽然有畜禽遗传资源和种质资源相关国家惠益共享方案的规定，但对于什么是国家惠益共享方案，如何实现，以及具体路径等却没有具体而且明确的指导。《畜禽遗传资源进出境和对外合作研究利用审批办法》提出了"畜禽遗传资源买卖合同或者赠与协议""与境外进口方签订的国家共享惠益方案""合作研究合同"等要求，各地方主管部门在执行法规时只提供了《农业部畜禽遗传资源输出申请表》和《农业部非种用畜禽遗传资源引进申请表》，也提供了"买卖合同""赠与协议""惠益方案"或者"合作研究合同"的格式文本①。申请人可以依照个案原则，商定协议内容如标的物概念或者范围。缺乏法律的、行政的指

---

① 向境外输出畜禽遗传资源初审 [EB/OL]. (2018-03-25) [2021-01-31]. http://www.sczwfw.gov.cn/jiq/front/transition/ywTransToDetail?areaCode=510000000000&itemCode=511A009060007-51000000000-000-8283017-1-00&taskType=1&deptCode=8283017.

导，必然导致实务合同出现一致性和规范性欠缺的情况。

从相关国际组织和其他国家实践来看，合同范本均对标的物进行了清晰的界定。FAO-ITPGRFA 和 WHO-PIP 防范框架都有明确的适用范围，因此它们的标准材料转移协议的标的物也是清晰和明确的。在国内法律制度中，南非对"本土遗传和生物资源"和"传统知识"，埃塞俄比亚对"遗传资源"、"衍生物"和"社区知识"，美国对"收集样本"、"材料"、"修饰物"和"研究成果"等，都进行非常准确而清晰的界定，规定了适用于合同范本并进行获取和惠益分享活动的标的物的范围或者界限。实务合同在商定时完整继承合同范本的规定，延续了标的物的法律一致性，同时采用清单等形式具体明确协议所涉及的准确标的物，起到了合同范本规范引导的作用。

三、事先知情同意程序呈现片段化特征

生物遗传资源兼具公共利益属性和经济属性，因此"事先知情同意"也具有行政法和民法上的双重含义。南非环境部、埃塞俄比亚生物多样性研究所、美国国家公园管理局等部门或者机构是政府权力的代表或者延伸，具有管理生物遗传资源获取与惠益分享的行政职能。在南非、埃塞俄比亚和美国的合同范本中，这些部门或者机构要么作为合同当事人直接参与协议谈判和执行如埃塞俄比亚，要么作为监管者审批当事人达成的协议并监督执行，如南非。无论何者，其都是政府权力的代表或者延伸，体现的是政府主管部门作为生物遗传资源管理者的行政法角色。另外，在埃塞俄比亚和美国的合同范本中，政府机构也是协议当事一方，即生物遗传资源的提供者，是民法意义上的权利主体。因此，南非、埃塞俄比亚、美国法律制度和合同范本所构建的事先知情同意程序，是基于资源所有权人和行政管理者的双重"事先知情同意"，也就是获取与惠益分享活动需要得到提供者和行政主管部门的双重许可。

国外生物遗传资源事先知情同意的另一个重要特征是全过程、全价值链的事先、知情和同意或者批准。生物遗传资源价值链包含获取或者采集、科学研究、知识产权保护、第三方转让、商业化（生产和销售）乃至出境等环节。各国主要在获取、转让、商业化等环节要求获取者事先征得提供者的同意或者书面同意，但在具体措施上有所差异。其中，以美国国家公园管理局的合同范本最为全面。美国的合同范本将获取者的事先知情同意义务分为两个阶段，即获取和惠益分享。获取阶段重点关注资源获取、第三方转让、知识产权、研究成果转让等 4 个方面的事先知情同意；惠益分享阶段重点关注研究成果商业化、成果转让、研究报告发布、知识产权实施、产品销售与再开发等 5 个方面的事先知情同意。同时，各阶段的事先知情同意程序还适用于研究成果转让和知识产权实施的第三方。第三方合规取得研究成果或者知识产权后，其应用应当征得美国国家公园管理局的事先知情同意。

反观我国部分合同范本，首先，在社会公共利益角度，缺少政府行政权力的监管和介入。中国西南野生生物种质资源库、中国普通微生物菌种保藏管理中心、国家自然科学基金委员会的合同范本所涉及的权利主体均为当事双方，不涉及任何国家行政权力的介入。在涉及国家保护物种或者重要物种的生物遗传资源时，仅规定当事人遵守国家物种保护和出入境管理方面的规定。其次，国内部分合同范本在资源的经济属性方面设置的事先知情同意程序存在片段化或者碎片化的特征，没有针对生物遗传资源价值链全过程、全环节设置事先知情同意程序，或者设置的事先知情同意过于笼统而缺乏执行效力。中国西南野生生物种质资源库合同范本的事先知情同意仅针对资源及其数据商业化和第三方转让，中国普通微生物菌种保藏管理中心合同范本的事先知情同意仅针对向第三方转让资源，国家自然科学基金委员会国际合作项目合同范本的事先知情同意仅针对共同成果的知识产权申请和向第三方转让共同知识产权。在事先知情同意程序的设置上，现有合同范本对第三方转让和商业化环节给予了充分的重视，也能够关注到生物遗传资源所产生数据的商业化和第三方转让授权，但是普遍缺少获取、知识产权申请和实施、研究成果转让、研究报告发表等环节的事先知情同意程序。生物遗传资源从获取、利用到最终的惠益分享需要价值链的全过程、全环节监管，如果提供者或者国家行政权力机关在某个关键环节没有掌握充分的信息，很容易在惠益分享阶段产生信息不对等和分配不公，进而致使资源流失。缺乏行政权力适当介入，事先知情同意程序碎片化，或许正是我国生物遗传资源惠益分享难以实施的原因之一。

四、惠益安排重私利逐短益

生物遗传资源的公共属性决定了其所产生的惠益不应仅仅由个体所享，而应当兼顾社会公共利益。FAO-ITPGRFA-SMTA 和 WHO-PIP 防范框架合同范本对惠益的安排，充分体现了资源的公共属性。埃塞俄比亚的"遗传资源"和美国的天然状态的生物遗传资源分别在各自法律中被规定为国家所有或者联邦所有，因此两国均在合同范本中约定了部分公共利益性质的惠益。例如，埃塞俄比亚生物多样性研究所和某公司签署的合作协议中，埃塞俄比亚科研人员参与研究、共享研究成果、能力培训、成本价供应发明技术或者产品等非货币惠益，能够提升埃塞俄比亚的科研能力和生物遗传资源保护水平，具有社会公共利益属性。美国国家公园管理局《材料转让协议》中的"提供者名誉权"和《合作研究与开发协议》中的共享数据信息、专利强制实施、提供者产品销售或者分配权、公众合理获得产品的权利、提供者研究报告展示和发布、专利技术细节披露、设施设备财产权等，充分体现了生物遗传资源的公共利益属性和国家作为所有权人的权益，对提供者或者管理者的生物遗传资源保护能力和水平的提升能够起到积极促进作用。

南非虽然没有将"本土遗传和生物资源"的所有权归属于国家，但在BSA2015中列举了成果共享、能力建设和培训、知识产权共同所有、社区发展等诸多公益性惠益，也能起到引导相关惠益服务于社会和人民福祉的效果。

另外，南非、埃塞俄比亚、美国选择阶段性、长期性、持续性的惠益，支付方式也呈现多元化特征，体现了惠益分享的公平合理原则。南非提供了许可费、进度付费或者社区项目补贴；埃塞俄比亚和某公司协议中要求获取者以生产成本价向提供者出售发明技术或者产品，以及获取者缴纳年度授权费等；美国合同范本的数据共享、专利强制实施、提供者产品销售或者分配、发明技术细节披露、年度维护费、绩效或者进度付费等，都属于阶段性、长期性和持续性惠益，体现了惠益分享在时间维度上的公平和公正。诚然，这三个国家也提供了许可费、一次性付费等短期惠益供协议的当事人商定选择，起到了长期惠益和短期利益结合的效果。特别地，在美国的长期惠益中，非货币的惠益是强制性的，不需要当事人谈判商定，都由合同范本的格式条款统一规定。

相比之下，我国现有相关合同范本对惠益及其分配方式的指导十分有限，或语焉不详，或惠益形式单一，具有重视个体私利忽视社会公益、重视短期利益忽视长期惠益的特征。中国西南野生生物种质资源库则严格遵循《名古屋议定书》的"共同商定条件下公平分享惠益"原则，维护提供者名誉权。中国普通微生物菌种保藏管理中心收取材料购买费，以及拥有保藏机构名誉权。国家自然科学基金委员会国际合作项目的合同范本仅约定共享共同成果的知识产权。合同范本本应为生物遗传资源的获取、利用和惠益分享活动提供具体指导，但一些合同范本却偏偏忽视了惠益分享的具体内容，或者将惠益分享留待当事人个案商定，这使合同范本的功能丧失或者部分丧失。在合同谈判中，个人或者机构出于自身利益判断，对惠益及其分配方式的选择必然会偏向个体和短期的利益，很难兼顾社会公益。作为提供者而言，合同谈判的主动权更多地掌握在获取者一方，如果其惠益选择没有充分的法律法规支持，很难得到获取者认同和接受。因此，合同范本应该在社会公益与个体私利、短期利益与长期惠益等方面为当事人特别是提供者提供全面而详尽的指导和支持。

五、追踪与监测手段缺失

由于提供者处于生物遗传资源价值链上游，对研究和商业化的信息不尽掌握，客观上存在信息不对称问题，因而在惠益分享谈判中难以取得充分而且必要的行为依据。这对于生物遗传资源监管者而言亦然。监管者也需要取得充足的信息才能作出管理决策。全面和翔实的报告是提供者和监管者掌控生物遗传资源利用和转移、完整了解生物遗传资源研究和商业化真实完整信息的关键所在，能够为提供者和主管部门在惠益分享及其监管中提供充分的行为依据。FAO-ITPGRFA-SMTA

要求获取者提交年度报告，详尽披露年度产品销售额、应付款额以及其他信息，以此监督惠益分享相关条文能够得到执行。WHO-PIP 防范框架《标准材料转移协议 2》要求获取者在转让 PIP 生物材料前向 WHO 提交报告。《名古屋议定书》从监管机制上规定了生物遗传资源利用活动的追踪与监测制度，设置检查点搜集获取与惠益分享相关信息，如协议执行情况。检查点在搜集信息时，可以通过主动收集和当事人主动报告两种途径。南非、埃塞俄比亚、美国均在法律制度和合同范本中为获取者规定了诸多报告义务，如年度报告、进度报告、付款报告等。特别是美国，非常重视获取者报告措施，对各项报告的要求十分全面、具体和详细，充分体现了生物遗传资源价值链全过程追踪监测的监管思路。

按照美国国家公园管理局《收集样本转移协议》或者《材料转移协议》，获取者需要提交年度报告、成果报告、第三方转让需求报告，全面汇报研究进展、产出以及第三方的转让请求等。而按照《合作研究与开发协议》的规定，获取者需要提交发明技术细节报告、开发和商业活动年度报告、支付报告和协议终止报告，向提供者全面披露专利技术、研究和商业活动内容和成果、技术转让或产品销售和盈利状况等。如此全方位、全过程的报告措施，将获取者所有与生物遗传资源获取、科学研究、第三方转让、商业开发、市场销售、出境等相关信息置于提供者的掌控之中，虽然增加了提供者和获取者的履约成本，也极大地考验了管理者的管理能力和行政成本，但对于生物遗传资源监管和保护是十分必要的。南非和埃塞俄比亚的报告措施虽然不如美国的全面和细致，但也在法律法规中规定了获取者提交年度报告、定期报告或者研究现状报告等的义务。按照埃塞俄比亚生物多样性研究所和某公司在获取与惠益分享协议中的约定，提供者可以委派独立审计人员对获取者提交的年度研究报告进行审查。

与此形成鲜明对比的是，我国现有合同范本在追踪与监测手段上的集体缺失。中国西南野生生物种质资源库、中国普通微生物菌种保藏管理中心、国家自然科学基金委员会国际合作项目等的合同范本均未设置生物遗传资源追踪与监测条文，缺乏获取者报告等必要的监测手段，没有形成对生物遗传资源的获取、利用、研究、转让、商业化等全价值链活动信息的有效采集或者报告机制。获取者取得生物遗传资源后，提供者难以从法律上对获取者的研究和后续利用进行有效监督，进而导致惠益分享失衡，甚至落空。此外，追踪与监测机制的缺失，也是生物遗传资源获取与惠益分享活动监管者缺位的体现。从其他国家的实践经验来看，管理者在行使行政监管职能时，主要依据获取者提交的各类报告。如果在合作协议中没有适当的追踪和监测机制如获取者报告措施，管理者将无从着手，生物遗传资源将脱离政府监管。

六、违约责任条款总体缺失

违约责任是指当事人不履行合同义务或者履行合同义务不符合合同约定而依

法应当承担的民事责任。国际私法统一协会（International Institute for the Unification of Private Law，UNIDROIT）在其发布的《国际商事合同通则》（*Principles of International Commercial Contracts*，PICC）中，对违约责任进行了较为全面的规定。当事人不履行合同义务的范围包括瑕疵履行和延迟履行。对于任何不履行合同义务的行为，受损害方均有权请求取得损害赔偿。受损害方对由于不履行而遭受的损害有权得到完全赔偿。所谓"损害"，既包括金钱或者肉体的，也包括精神上的。违约方仅对在订立合同时他已经预见到的或应当合理预见到的、因其不履行可能产生的损害承担责任。因此，在协议中约定违约责任是国际商事合同的通行做法。然而，在现有合同范本中，违约责任要么以"友好协商"等方式简化处理，要么缺少违约责任条文。当事人要么以标准条款约定违约责任，要么弱化违约责任。针对生物遗传资源研究和商业化的复杂性和不确定性，生物遗传资源获取与惠益分享合同范本尤为需要明确而且详细地规定违约责任条款，对损害认定、计价赔偿、不可抗力等内容全面考虑，防范当事人不履约风险，增强对违约行为的赔偿和救济。

WHO-PIP 防范框架《标准材料转移协议2》规定了"赔偿责任和赔偿"和"不可抗力"条款框架，具体内容由 WHO 和 PIP 生物材料的接受者具体商定。在南非《材料转移协议2015》和《惠益分享协议2015》中，"违约和终止"条款规定违约行为发生时，受损方有权通知违约方限期改正，拒不改正的，受损方可以采取进一步补救措施如终止协议等。埃塞俄比亚《遗传材料转移协议》没有关于违约责任的条文，但在生物多样性研究所和某公司的获取与惠益分享协议中，"终止"条款规定了"一方无法履行或者违反协议义务"时，可终止协议。实际上，在合同谈判阶段，生物多样性研究所曾主张在"终止"条款以外，增加一条"处罚"，违约方向受损方支付一定数额的罚金或者赔偿金。但某公司在侵权行为认定、赔偿标准、法律责任等方面存有异议，坚持应当将违约行为依照协议中"适用的法律"条款约定的具有管辖权的法院依法裁定。最终，双方在协议中删除了"处罚"，只保留"终止"条款有关"不履行"的相关规定。美国国家公园管理局《收集样本转移协议》和《材料转移协议》因只涉及生物遗传资源获取阶段，因而没有专门的违约责任条款，但"提供者免责"条款以标准条款的形式规定了提供者免于承担若干赔偿责任。同时，在《合作研究与开发协议》中，"必要和标准条款"对若干违约行为进行了规定，如不履行不视为放弃权利、法律更新导致不履行不视为违约、美国政府免责免赔、不可预见事件免责等，内容十分详尽，不需要当事人在协议谈判时具体商定。

按照我国《民法典》"合同编"第四百七十条^①的规定，合同内容一般应包括"违

---

① 《民法典》"合同编"第四百七十条：合同的内容由当事人约定，一般包括下列条款：（一）当事人的姓名或者名称和住所；（二）标的；（三）数量；（四）质量；（五）价款或者报酬；（六）履行期限、地点和方式；（七）违约责任；（八）解决争议的方法。当事人可以参照各类合同的示范文本订立合同。

约责任"条款。然而，我国部分合同范本在违约责任方面的规定十分薄弱，出现了弱化甚至没有相应条文的现象。某些合作协议在"不可抗力因素"内规定了违约责任，"对由于任何超出合理的控制之外的原因所引起的任何延迟或不作为，任何一方不应该对另一方负有义务"，具体原因包括自然灾害、政府行为、战争、火灾、水灾等不可预见因素。对不可抗力因素引起的违约行为，受影响的一方即违约方有义务迅速书面通知另一方影响因素和持续时间，在影响存续期间中止履行协议义务；同时违约方有义务尽快消除不可抗力的影响，尽快恢复履行协议义务。按照《国际商事通则》相关原则，由不可抗力或者不可预见性因素引起的违约行为，违约方不承担责任，同时也不支持受损方取得请求赔偿或者完全赔偿的权利。由于合作协议涉及标本采集互换和人员交流等内容，违约方承担上述义务，并采取必要止损措施，是十分必要和合理的，也符合我国《民法典》"合同编"第五百九十条的规定①。不过，合作协议在由于非"不可抗力因素"引起的违约行为的救济和赔偿措施方面留下了空白。中国西南野生生物种质资源库《生物遗传材料与数据提供协议》在"免责声明"内规定，接受者完全承担因其自身原因所造成的经济损失和法律责任。然而，这一规定旨在明确接受者单方行为所应承担的单方责任，尚不构成合同法意义上的违约责任。中国普通微生物菌种保藏管理中心和国家自然科学基金委员会国际合作项目的合同范本则未涉及违约责任相关内容，或许需要实务合同的当事人在协议谈判时商定。实际上，从现有资料来看，外国公司和我国科研人员合作在华采集生物遗传资源的合作协议，当事人存在有意弱化违约责任条文、避免承担赔偿责任的现象。虽然当事人具有履行协议义务的善意，但如果没有违约责任，伴随研究和商业化活动的不确定性，违约行为发生的风险就会增大，双方只能对簿公堂或者另行商定赔偿事宜，履行协议的不确定相应增加。

七、争端解决机制不完善

争端解决条款是处理当事人对协议条文的理解和执行所产生的分歧的保障性条文。FAO-ITPGRFA-SMTA 专门规定了"适用的法律"和"争端解决"条款，规定解决争端所适用的法律依据，即《国际商事合同通则》和 ITPGRFA。同时也明确了争端解决机制的启动程序以及解决方式如友好协商、调解和仲裁。同样地，WHO-PIP 防范框架《标准材料转移协议 2》规定了友好协商和仲裁作为争端解决的途径。《名古屋议定书》第 18 条对于"在共同商定条件中写入酌情涵盖争端解决的条款"的规定十分明确和清晰，要求缔约方在合同范本中纳入争端解决条文，

---

① 《民法典》"合同编"第五百九十条：当事人一方因不可抗力不能履行合同的，根据不可抗力的影响，部分或者全部免除责任，但是法律另有规定的除外。因不可抗力不能履行合同的，应当及时通知对方，以减轻可能给对方造成的损失，并应当在合理期限内提供证明。当事人迟延履行后发生不可抗力的，不免除其违约责任。

规定争端解决管辖权、适用的法律、解决方式、司法救济措施以及国外判决和仲裁裁决的效力等。从善意履行国际法义务的角度来看，各缔约方政府均应制定获取与惠益分享合同范本，结合国家法律制度和体制机制在合同范本中对上述内容进行规定。

南非《材料转移协议 2015》和《惠益分享协议 2015》没有专门的条款规定争端解决，但在"违约和终止"中规定了书面通知整改、起诉和取消协议等 3 种救济措施。埃塞俄比亚在获取与惠益分享法律制度中规定获取协议应包含"争端解决机制"，但《遗传材料转移协议》和《遗传材料转移担保书》均未约定解决争端的方式。在生物多样性研究所和法国某公司的获取与惠益分享协议中，当事人约定了专门的"适用的法律"和"争端解决"条文。"适用的法律"明确埃塞俄比亚国内相关法律法规和《生物多样性公约》框架下法律文件具有优先适用的法律地位，特别是在《生物多样性公约》和《国际植物新品种保护公约》不一致时。"争端解决"约定以协商、仲裁和起诉等方式处理争端，而且相关仲裁应按照《生物多样性公约》及其《波恩准则》规定的程序进行。美国国家公园管理局《收集样本转让协议》和《材料转让协议》没有约定争端解决机制，但惠益分享协议即《合作研究与开发协议》在"修订、终止与争端"条文规定了协商、仲裁和其他法律救济措施。特别地，美国国家公园管理局和获取单位需要进行逐级协商，先由直接责任人协商，再由中层主管或者代理人协商，仍然不能解决分歧的，才需要提交给最高责任人协商解决。每一层级都有尽力解决分歧的义务。

我国部分合同范本在争端解决机制方面的规定要么不够完善，要么缺失。当事人往往只能诉诸漫长而艰难的法律诉讼，为后期处理协议争议埋下隐患。某些协议专门规定了"争端的解决"，以和解、调解和仲裁等方式解决协议分歧，同时还指定了调解机构、调解规则、仲裁机构和仲裁规则，但是并未对适用的具体法律、仲裁的法律效力及其法律救济措施进行规定，仍然与《名古屋议定书》相关规定存在差距，在后续执行中存在仲裁协议没有得到有效执行而诉诸司法的可能。尽管我国《民法典》"合同编"第四百六十七条①，《民事诉讼法》第九十三条②、第九十七条③、第二百三十六条④、

---

① 《民法典》第四百六十七条：本法或者其他法律没有明文规定的合同，适用本编通则的规定，并可以参照适用本编或者其他法律最相类似合同的规定。在中华人民共和国境内履行的中外合资经营企业合同、中外合作经营企业合同、中外合作勘探开发自然资源合同，适用中华人民共和国法律。

② 《民事诉讼法》第九十三条：人民法院审理民事案件，根据当事人自愿的原则，在事实清楚的基础上，分清是非，进行调解。

③ 《民事诉讼法》第九十七条：调解达成协议，人民法院应当制作调解书。调解书应当写明诉讼请求、案件的事实和调解结果。调解书由审判人员、书记员署名，加盖人民法院印章，送达双方当事人。调解书经双方当事人签收后，即具有法律效力。

④ 《民事诉讼法》第二百三十六条：发生法律效力的民事判决、裁定，当事人必须履行。一方拒绝履行的，对方当事人可以向人民法院申请执行，也可以由审判员移送执行员执行。调解书和其他应当由人民法院执行的法律文书，当事人必须履行。一方拒绝履行的，对方当事人可以向人民法院申请执行。

第二百三十七条①、第二百六十六条②、第二百七十一条③、第二百七十三条④、第二百七十四条⑤、第二百七十五条⑥等规定了合同争议的法律适用和争议解决的调解、仲裁、诉讼相关条款，但还是应在合同范本中进一步明确适用的具体法律、仲裁协议效力、拒绝履行调解书或者仲裁裁决的起诉程序，以便增加合同条文的确定性。中国西南野生生物种质资源库、中国普通微生物菌种保藏管理中心和国家自然科学基金委员会国际合作项目的合同范本未对此进行规定，争端解决机制存在缺失。我国《民法典》"合同编"第四百七十条⑦专门规定了合同一般具备的条款，其中包括"解决争议的方法"。显然，这些合同范本一般会有选择地不去制定合同争议解决办法条款，此种做法虽不违背我国现行立法相关规定，但与履行《名古屋议定书》义务的需求不符，也存在后续法律风险，增加分歧解决的成本和难度。

---

① 《民事诉讼法》第二百三十七条：对依法设立的仲裁机构的裁决，一方当事人不履行的，对方当事人可以向有管辖权的人民法院申请执行。受申请的人民法院应当执行。被申请人提出证据证明仲裁裁决有下列情形之一的，经人民法院组成合议庭审查核实，裁定不予执行：（一）当事人在合同中没有订有仲裁条款或者事后没有达成书面仲裁协议的；（二）裁决的事项不属于仲裁协议的范围或者仲裁机构无权仲裁的；（三）仲裁庭的组成或者仲裁的程序违反法定程序的；（四）裁决所根据的证据是伪造的；（五）对方当事人向仲裁机构隐瞒了足以影响公正裁决的证据的；（六）仲裁员在仲裁该案时有贪污受贿，徇私舞弊，枉法裁决行为的。人民法院认定执行该裁决违背社会公共利益的，裁定不予执行。裁定书应当送达双方当事人和仲裁机构。仲裁裁决被人民法院裁定不予执行的，当事人可以根据双方达成的书面仲裁协议重新申请仲裁，也可以向人民法院起诉。

② 《民事诉讼法》第二百六十六条：因在中华人民共和国履行中外合资经营企业合同、中外合作经营企业合同、中外合作勘探开发自然资源合同发生纠纷提起的诉讼，由中华人民共和国人民法院管辖。

③ 《民事诉讼法》第二百七十一条：涉外经济贸易、运输和海事中发生的纠纷，当事人在合同中订有仲裁条款或者事后达成书面仲裁协议，提交中华人民共和国涉外仲裁机构或者其他仲裁机构仲裁的，当事人不得向人民法院起诉。当事人在合同中没有订有仲裁条款或者事后没有达成书面仲裁协议的，可以向人民法院起诉。

④ 《民事诉讼法》第二百七十三条：经中华人民共和国涉外仲裁机构裁决的，当事人不得向人民法院起诉。一方当事人不履行仲裁裁决的，对方当事人可以向被申请人住所地或者财产所在地的中级人民法院申请执行。

⑤ 《民事诉讼法》第二百七十四条：对中华人民共和国涉外仲裁机构作出的裁决，被申请人提出证据证明仲裁裁决有下列情形之一的，经人民法院组成合议庭审查核实，裁定不予执行：（一）当事人在合同中没有订有仲裁条款或者事后没有达成书面仲裁协议的；（二）被申请人没有得到指定仲裁员或者进行仲裁程序的通知，或者由于其他不属于被申请人负责的原因未能陈述意见的；（三）仲裁庭的组成或者仲裁的程序与仲裁规则不符的；（四）裁决的事项不属于仲裁协议的范围或者仲裁机构无权仲裁的。人民法院认定执行该裁决违背社会公共利益的，裁定不予执行。

⑥ 《民事诉讼法》第二百七十五条：仲裁裁决被人民法院裁定不予执行的，当事人可以根据双方达成的书面仲裁协议重新申请仲裁，也可以向人民法院起诉。

⑦ 《民法典》第四百七十条：合同的内容由当事人约定，一般包括下列条款：（一）当事人的姓名或者名称和住所；（二）标的；（三）数量；（四）质量；（五）价款或者报酬；（六）履行期限、地点和方式；（七）违约责任；（八）解决争议的方法。当事人可以参照各类合同的示范文本订立合同。

第七章　我国获取与惠益分享协议文本构建

第一节　协议的特点

　　生物遗传资源获取与惠益分享协议是指当事双方以生物遗传资源为标的物，约定生物遗传资源获取、研究、知识产权、转让、商业化和惠益分享等权利义务的合同。我国生物遗传资源获取与惠益分享协议受《民法典》"合同编"规制，属于无名合同。对于无名合同的调整，《民法典》"合同编"第四百六十七条第一款规定："本法或者其他法律没有明文规定的合同，适用本编通则的规定，并可以参照适用本编或者其他法律最相类似合同的规定"。生物遗传资源获取与惠益分享协议除了兼具买卖合同和技术合同部分特征，也可能是一项涉外合同，需要符合《民法典》"合同编"第四百六十七条第二款的规定[①]。

一、合同标的物兼具有形物和无形物特点

　　遗传物质（如 DNA 和 RNA）的发现使生物研究和应用进入分子水平。生物技术的突飞猛进孕育产生了新的社会经济业态——生物经济，而驱动生物经济发展的产业基础则是以生命科学理论和生物技术为基础、融合多学科理论和技术手段的生物产业。生物产业主要开展生物组分、结构、功能与作用机理研究并制造产品，或改造动植物和微生物并使其具有特定品质特性，进而为社会提供商品和服务。根据《生物多样性公约》及其《名古屋议定书》对相关术语的界定，"遗传资源"是指具有实际或潜在价值的遗传材料，而"遗传材料"是指来自植物、动物、微生物或其他来源的任何含有遗传功能单位的材料。因此，遗传资源作为合同标的物，具有物的属性。此外，合成生物学、生物信息学、基因驱动等致使生物产业对遗传物质的利用形式发生了巨大的变化，使用者不必取得遗传资源实物本身，仅利用数字化的核酸或蛋白质序列信息就能够实现对遗传资源的研究、开

　　[①] 《民法典》"合同编"第四百六十七条第二款：在中华人民共和国境内履行的中外合资经营企业合同、中外合作经营企业合同、中外合作勘探开发自然资源合同，适用中华人民共和国法律。

发、传输、转让和商业化利用。遗传信息的获取、跨境转移和利用增加了提供国的遗传资源流失风险，威胁到作为提供国的发展中国家的利益，因此部分国家在国内获取与惠益分享立法中将"遗传信息"纳入"遗传资源"范畴，例如巴西①。此外，部分国家将"传统知识""土著知识"或者"社区知识"纳入国内获取与惠益分享法律法规的调整范围之内，制定的生物遗传资源获取与惠益分享合同范本同样适用于传统知识如埃塞俄比亚；也有部分国家如南非制订了专门的传统知识合同范本。因而，遗传资源作为合同标的物，同时兼具有形物和无形物的属性。

　　与一般合同的标的物相比，遗传资源的权利归属也具有一定特殊性。各国均通过国内法律法规对遗传资源的权属进行了规定。例如，埃塞俄比亚的"遗传资源所有权属于政府和埃塞俄比亚人民"、巴西的"巴西联邦共和国的遗传资源为全民共有"、南非的"国家作为生物多样性的托管人"、美国联邦政府享有"未经人为改造、天然的生物遗传资源"的所有权。因此，无论在合同范本体现政府利益，还是在合同谈判、生效和执行阶段纳入政府监管，都有充分的法理依据。与之相比，我国生物遗传资源的权属情况却颇为特殊，目前尚未有充分的法律依据，具体如前文所论。在合同标的物权属不明、所有权人缺位的情况下，生物遗传资源获取与惠益分享协议的制订具有很大的不确定性，各利益相关方及其权益很难厘清。

二、合同适格主体取决于生物遗传资源权属制度

　　按照《民法典》"合同编"第四百六十四条第一款的规定，合同是指民事主体之间设立、变更、终止民事法律关系的协议。生物遗传资源获取与惠益分享协议的合同主体应为生物遗传资源提供者和使用者。所谓提供者，应当是有权提供生物遗传资源的当事人，主要取决于国家法律制度的设计，特别是法律对生物遗传资源所有权人的规定。如果生物遗传资源被规定为国家所有，则政府是行使生物遗传资源所有权的适格主体。政府可以直接行使生物遗传资源所有权，也可以设立或者指定某一组织来代为行使生物遗传资源所有权。在这种情况下，政府或者其指定的组织是生物遗传资源获取与惠益分享协议的提供者一方。如果生物遗传资源或者部分生物遗传资源被规定为集体所有或者个人所有，则相应的集体组织或者个人应成为协议的适格主体之一。

　　根据《生物多样性公约》第15条"遗传资源的取得"，各国对其自然资源拥有主权权利，因而可否取得遗传资源的决定权属于国家政府，并依照国家法律行使。我国宪法、《民法典》"总则编"与"物权编"、《野生动物保护法》等可以视为生物遗传资源国家所有制度的法理依据，因此可以在生物遗传资源获取与惠益分享立法中将生物遗传资源的所有权规定为"全民所有"或者"国家所有"。虽然

① 见巴西2015年第13.123号法律第2条，"遗传资源"系指"关于植物、动物、微生物或其他性质物种的遗传起源信息，包括从这些生物中产生的新陈代谢物质"。

国家不可能作为每一个获取与惠益分享协议的当事人，但是国家政府可以依照国内法设立相应的行政机构或者行业组织代为行使所有权权利。

三、合同生效程序体现着国家主权原则

一般合同的订立经历要约和承诺阶段，是当事人的自由意思表达。然而，生物遗传资源获取与惠益分享协议还应当体现生物遗传资源的国家主权原则，需要国家相关主管部门的行政介入。目前，各国通行的做法主要有两种，一是合同经国家有权机关核准或者同意后生效，二是国家行政权力机关或者其指定单位作为当事人一方直接参与合同签订。南非在《国家环境管理：生物多样性法》中明确规定，材料转移协议和惠益分享协议须经国家有权机关批准后生效，同时签发许可证件。2015 模式在法规层面设立了多项许可，如发现阶段出口许可、生物贸易许可、生物勘探许可、生物贸易和生物勘探许可、出口研究许可等，各类获取许可均由国家有权机关如环境部签发。当事人签署的《材料转移协议 2015》和《惠益分享协议 2015》须提交环境部审批，对不符合法律法规规定的，环境部有权不予批准，合同不具法律效力。同时，对"无法确定利益相关方"即提供者的，由环境部作为国家权力的代表，授权有权人员与获取者签订《惠益分享协议 2015》。埃塞俄比亚生物多样性研究所是埃塞俄比亚政府行政权力的延伸，代表政府行使生物遗传资源国家所有权，以及管理社区知识的获取与惠益分享。第 482/2006 号公告规定，获取埃塞俄比亚生物遗传资源或者社区知识的，需要得到生物多样性研究所事先许可，获取者应当与生物多样性研究所签订获取与惠益分享协议。生物多样性研究所既是协议当事一方，也是协议的有权审批机关，协议在其签署后生效。正如其与某公司的获取与惠益分享协议，经双方签字后生效，无须其他签署程序。美国对自然状态下的生物遗传资源的获取与惠益分享管理措施与埃塞俄比亚类似。美国国家公园管理局代表联邦政府行使所有权，既是《材料转移协议》和《合作研究与开发协议》的当事一方，也是国家有权审批机关，协议经签字后生效。

现阶段，我国生物遗传资源获取与惠益分享相关合同范本均不涉及国家行政权力介入。在"向境外提供、从境外引进或者与境外开展合作研究利用林木种质资源"领域，仅对获取行为进行审批，审查内容重点在于所涉"林木种质资源"是否属于"国家重点保护或者野生林木种质资源"。对《种子法》要求的"国家共享惠益的方案"和协议内容的审批，未给出具体审批意见或者指导。根据《对外贸易法》的规定，国家有权机关介入协议的情形类似国际技术合同。国家为了维护国家安全和社会公共利益、保护人的健康或者安全、保护动植物生命或者健康、保护环境，或者有效保护可能用竭的自然资源，可以限制或者禁止某些货物和技术的进出口。生物遗传多样性是物种多样性和生态系统多样性的基石，丰富的生物遗传资源构成了形形色色的生物世界，维系着生态系统平衡和稳定，支撑着生

态系统各项功能及其为人类提供的各类服务。因此，生物遗传资源不仅是国家利益，更关系到国家生物安全和生态安全，是全社会公共利益的体现。从这个意义上来看，生物遗传资源获取与惠益分享协议的标的物具有特殊价值，协议的签署和履行需要国家有权机关的审批或者其他适当形式的介入。

四、合同须具备名词解释、监督报告、公益保障等特殊条款

知识产权利益分享、第三方转让与利用应该是生物遗传资源获取与惠益分享协议的核心条款，包括货币惠益分配、技术转让、知识产权共享、优惠条件取得产品等。除此以外，还需要设置名词解释和监督报告等其他条款。生物遗传资源获取与惠益分享协议技术性、专业性较强，专有名词较多，为了避免发生歧义，必须有专门的名词解释条款。生物遗传资源从采集到最终商业利润的实现需要很长的时间才能显现出来，其间在研究、生产、市场营销等环节还伴随着各种不确定的、不可预见的、难以预料的风险。如果选择按比例分享收益，具体利润难以估测。从生物遗传资源原料到产品利润，可能要经历 5 年甚至 10 年的时间。合同存续期、惠益分配受市场等因素影响、主管部门监管需求等需要设置特殊的监督条款。

以标准条款保障国家主权、社会公益和提供者特权是部分国家合同范本的通行做法。南非《生物勘探、获取与惠益分享条例 2015》规定，当事人签订的《惠益分享协议 2015》必须至少包含"本土遗传和生物资源保护"、本国科技能力提升、社区能力提升等惠益中的一项，否则环境部有权不予批准合同生效。在《材料转移协议 2015》中，规定提供者向获取者独家提供原料的权利。埃塞俄比亚规定本国公民参与研究、境外开展研究须由项目资助单位及其国家联络点提供担保。在埃塞俄比亚生物多样性研究所和法国某公司的获取与惠益分享协议中，专门规定仅提供生物遗传资源不得视为合作研究，双方须另行签订合作研究协议。美国国家公园管理局在《材料转移协议》和《合作研究与开发协议》中以标准条款的形式，规定了多项特殊条款如名词解释、监督报告、第三方转让、商业开发、知识产权申请和权利共享、知识产权第三方许可、产品优先取得等。

因此，依照我国《民法典》"合同编"相关规定，在生物遗传资源获取与惠益分享协议合同范本中加强对名词术语的指导，特别是以标准条款的方式将第三方转让、知识产权、监督措施等内容予以确定，能够有效维护国家主权和社会公共利益。同时，应当采取长期惠益和近期利益相结合的方式处理货币惠益的分配。

五、合同订立须遵循相关国际法规则

生物遗传资源获取与惠益分享协议除须遵守一般合同订立的基本原则（即意思自治、公平、诚实信用和尊重社会公共利益）以外，还须要遵守《生物多样性

公约》框架下确立的若干原则，如法律确定性、分类管理、高效谈判等。《波恩准则》为制定"共同商定条件"提供了一系列基本原则，如法律上的确定性和清晰性、尽量减少交易成本、列入当事人义务条款、资源和用途分类合同、高效和合理时间的谈判、达成书面合同等。同时，《波恩准则》还提供了协议的指导性参数、指示性清单以及惠益类型、时间表和分配机制等方面的指导。《波恩准则》是《生物多样性公约》框架下的软法性文件，虽然对缔约方政府不具有强制性效力。但生物遗传资源获取与惠益分享协议合同范本也可以遵循和借鉴《波恩准则》的相关规定。除《波恩准则》规定的法律确定性、交易成本低、分类安排、高效谈判、书面协议等基本原则外，在生物遗传资源获取与惠益分享协议条文制订时，可以引入其有关材料转移协议的基本内容。其中，提供者免责、环境友好、条款持续有效、单个条款独立执行、适用的法律等内容，可以以标准条款的形式予以约定。在此方面，美国国家公园管理局的合同范本具有很好的借鉴意义。

第二节　需要考虑的主要原则

一、国家利益与个体利益相结合的原则

　　诚如前文所论，生物遗传资源关系到国家生物资源安全和生态安全，其获取、利用、跨境转移等活动存在破坏生态环境和损害生物多样性的风险，甚至导致区域性的生态灾难，因而其涉及的不仅仅是提供者个体的利益得失，还涉及社会公共利益和国家利益。也正因此，《生物多样性公约》将生物多样性保护确认为"全人类共同关切的问题"，缔约方政府有调查、监测、保护和可持续利用生物多样性及其组成部分的权利和义务，也有立法保护生物多样性和管理生物遗传资源获取与惠益分享的权利和义务。一国政府往往从整体的、大尺度的、规模效益优的行动出发，开展生物多样性保护和持续利用活动，需要长期、持续和稳定地投入大量资金、技术、人力等资源。与生物多样性保护的国家意志相比，无论组织还是个人的保护行动都难以形成强大的政治、经济和社会规模影响力。从个体角度出发，很难兼顾到国家的生物多样性保护整体需求。在生物遗传资源获取与惠益分享协议中，国家利益与个体利益相结合具有合理性。

　　《生物多样性公约》将"自然资源"确定为国家主权事项，各国在国内立法中进一步确定了国家政府对生物遗传资源的管理权利。例如，南非政府是南非本土遗传和生物资源的"托管人"，在国家法律法规中规定当事人的协议必须至少包含一项涉及国家整体利益和社会公共利益的惠益。埃塞俄比亚政府是埃塞俄比亚生物遗传资源的所有权人，由其指定有权组织代表国家政府签订获取与惠益分享协议，接收和使用相关惠益。美国尽管不是《生物多样性公约》缔约方，作为私法

合同管理获取与惠益分享活动的拥趸，其自然状态下、未经人为改造的生物遗传资源由联邦政府所有。由于这些资源主要分布在美国国家公园管理局管理的区域内，美国国家公园管理局代表联邦政府行使所有权和管理权，对其获取与惠益分享进行管理，争取更多的联邦利益和社会公共利益。虽然我国对生物遗传资源的所有权没有明确的上位法依据，但是相关法律如《宪法》《民法典》《野生动物保护法》等已经提供了生物遗传资源国际所有的法律逻辑。在生物遗传资源的专门立法中，宜将生物遗传资源的所有权归属明确为国家所有，特别是自然状态下的、未经人工改造的生物遗传资源，由国家政府或其指定的部门或者组织代为行使所有权，与使用者谈判达成生物遗传资源获取与惠益分享协议。即便是部分生物遗传资源可以由集体或者个人所有，国家政府也应享有生物遗传资源获取和出境等活动的管理权，应当以适当的方式介入生物遗传资源获取与惠益分享协议，从而确保最大限度地保障国家利益和社会公共利益。因此，在生物遗传资源获取与惠益分享中，国家利益和个体利益相结合具有正当性。

二、整体利益与局部利益相结合的原则

生物遗传资源价值链包含采集、鉴定、科学研究、知识产权申请、知识产权实施、第三方转让、出境、商业应用、市场销售等诸多环节。每个环节的顺利开展都需要当事人投入一定的成本，也会产生不同的惠益，包括货币的和非货币的。采集是生物遗传资源价值链最上游环节，一些国家在此环节要求获取者支付采集费，如南非，而一些国家则不需要获取者支付采集费，如美国。鉴定生物遗传资源是科学研究的起点，这一环节所产生的惠益主要是非货币的如形态学知识、标本制作和保存技术、保存设施等。科学研究是生物遗传资源知识发现和技术创新的过程，是一个价值增值过程，可能产生的惠益主要是合作研究、信息数据交流、成果共享等。知识产权申请涉及当事人共同完成成果和当事一方独立完成成果申请知识产权的权利以及权利让渡。当事人行使申请知识产权的权利或者让渡权利时能够产生货币和非货币惠益。知识产权实施主要涉及当事人共同、一方独立或者授权第三方实施等情况，不同的情形可能产生不同的惠益，如授权费、转让费和权益共享。生物遗传资源第三方转让应该是有条件的，普遍的做法是获取者应事先征得提供者的书面同意，并商定受让人的权利和义务，其中也涉及不同的惠益类型。研究数据、共同研究成果、共同所有的知识产权等的转让与此类似。生物遗传资源丰富的发展中国家普遍限制生物遗传资源出境，如南非和埃塞俄比亚。生物遗传资源出境活动需要满足签署协议、列明研究计划、取得行政许可等前置性条件，能够助长提供者在合同谈判中的要价。商业应用涉及生物遗传资源产品的生产和加工，衍生出的惠益主要有生产与加工技艺、产品及其外观设计、数据商用条件等。市场销售主要涉及产品营销、展览展示、优惠取得产品等。不同的

环节产生不同的惠益，生物遗传资源获取与惠益分享协议应当平衡兼顾各环节可能的惠益，避免将惠益分享集中在价值链单一环节，如获取或者市场销售。实际上，在获取和市场销售以外的其他环节，更容易产生社会公共利益，从而促进生物遗传资源丰富国家的基础研究、应用研究与商业开发能力和技术的提升。

生物遗传资源是生物产业、生物经济的物质基础，同样也是生态系统和生态服务得以维持平稳的基础，是人民生活幸福美好的需求。因此，生物遗传资源获取和利用应当兼顾经济、社会和生态效益，避免对单一经济效益的追逐。在惠益分享安排中，除货币惠益、技术转让、知识产权共享等经济效益高的惠益以外，还应当平衡兼顾生物多样性保护、社区发展、产品可及性等有助于提升生态环境保护水平、社会经济发展能力和人民幸福指数的惠益。诚然，各种惠益安排都是当事人利弊权衡之后的妥协，任何权利义务不相匹配的惠益安排都是不切实际的。因此，生物遗传资源获取与惠益分享协议应当做到整体利益与局部利益两相结合、平衡兼顾。

三、长期利益与短期利益相结合的原则

生物遗传资源漫长的价值增值过程伴随着各种不可预测的风险，导致产生的惠益不及预期，甚至获取者投入的成本远远高于实际获益。因此，生物遗传资源惠益分享应该是阶段性的，应该采取长期利益与短期利益相结合的方式，在获取、知识产权保护、利润生成等不同阶段设置不同的惠益类型和分配方式。美国国家公园管理局建议当事人采用预付费、年度维护费、绩效、进度付费等方式支付货币惠益。其中，预付费和年度维护费属于短期利益，绩效和进度付费属于长期利益。当事人可以根据自身需求，选择搭配不同的惠益分享方案，做到长期利益与短期利益相互结合、相互补充。

《名古屋议定书》附件列举了10种货币惠益和17种非货币惠益。其中，获取费、预付费、版权费等都是短期可得的货币惠益。短期利益能够保障提供者的部分权益，但是对于后期所产生的价值增值部分则难以通过这些短期利益得到分享。对获取者而言，短期利益加大了初期投入成本，同时需要独自承担后期研究和商业化所伴随的风险。一旦生物遗传资源不能实现价值增值，获取者将面临无法收回成本的情形。绩效和进度付费等长期利益则有所不同。绩效是获取者取得商业利润后才需要向提供者支付的费用。如果产品销售在扣除生产成本如南非，或者扣除生产和经营成本如美国，没有剩余利润，则不需要支付。绩效能够最大限度地分散获取者承担的研究、生产或者经营风险，激发付费积极性，也能够保障提供者获得更多的预期利益。进度付费是获取者在生物遗传资源价值链某个约定环节向提供者支付的费用，具有可预期的特点，对双方而言都是相对公平的付费方式。单一的短期利益或者长期利益都不足以保障当事人的权益，只有采取长

期利益与短期利益结合的惠益分享方案，才能使当事人取得最公平、适当和合理的惠益。

四、事前同意与事中报告相结合的原则

"事先知情同意"是《生物多样性公约》及其《名古屋议定书》明确的获取生物遗传资源的必要且充分条件。具体而言，获取者应该在取得生物遗传资源之前得到提供国政府和提供者如个人、社区或组织的许可和同意。在国家立法层面，"事先知情同意"主要体现在国家有权机关的事先批准，或者生物遗传资源所有权人、托管人、保藏人等自然人或者法人的书面同意。后者往往通过当事人签订的书面的获取与惠益分享协议体现。南非、埃塞俄比亚、美国都在国内立法中明确了生物遗传资源事先知情同意的程序。各国的事前同意措施集中在生物遗传资源价值链的获取、商业应用、第三方转让等三个环节。获取时需要得到国家有权机关的行政许可，还要经过与所有权人或者实际持有人的事先同意并商定材料转移协议。涉及传统知识获取的活动，要得到"土著社区"或者社区的事先同意，然后经国家有权机关核准。在获取阶段，事前同意的内容主要是生物遗传资源名称和内容、采集地点、数量、用途、获取者、出境信息等。在商业应用阶段，事前同意主要涉及生物遗传资源用途转变的事先报告。在第三方转让阶段，事前同意主要涉及获取者向第三方转让生物遗传资源的活动。除此以外，美国对研究数据转让、知识产权申请权让渡、共同研究成果转让、知识产权实施权让渡等活动均设置了严密的事前同意程序，获取者每一项权利义务的让渡都需要得到提供者或者联邦政府有权机关的事先知情同意，从而确保生物遗传资源相关各项活动都在联邦政府和提供者的密切监督之下进行。

事中报告是《名古屋议定书》规定的"监测遗传资源利用"的必要手段，也是各国监督生物遗传资源利用的通行做法。一般地，各国都要求获取者在获取生物遗传资源后向提供者或者国家有权机关提交定期报告如年度报告，汇报科学研究、知识产权、盈利等事项。美国国家公园管理局的事中报告措施十分详尽，除获取者定期的报告外，在科学研究取得成果、转让活动之前、知识产权、惠益生成等时都应提交书面报告。南非和埃塞俄比亚仅要求以年度报告的形式汇报进展和取得的成果。相比之下，美国国家公园管理局的报告制度更为完善和细致，能够达到国家有权机关和提供者对生物遗传资源利用的全方位、全过程监管，同时也对管理者和提供者的行政能力和行政效率提出了更高的要求。

事前同意和事中报告是前后相继的管理措施。提供者和国家有权机关通过事前同意作出的授权，可以通过检查和汇报两种形式监督其执行情况。与国家有权机关或者提供者的检查相比，汇报是由获取者主动提供相关信息。事中报告是提供者对其前期授权的执行情况进行全面了解和掌握的最有效、最直接的途径。适

当的事中报告措施也有助于增强当事人之间的信息公平和对称，充分保障提供者的知情权。因此，在生物遗传资源获取与惠益分享协议中，应当设置事前同意和事中报告相互结合、相互衔接的条文，确保当事人正当权益。

第三节　需要考虑的主要问题

环境保护部（现生态环境部）早在 2015 年牵头成立了由国务院多个主管部门组成的立法工作领导小组，研究起草生物遗传资源获取与惠益分享管理专门法规，拟规范生物遗传资源的获取、利用和惠益分享活动。2017 年 3 月 23 日，环境保护部印发《生物遗传资源获取与惠益分享管理条例（草案）》征求意见稿（以下简称"草案"），公开向社会征集意见和建议。该草案拟明确国家生物遗传资源获取与惠益分享基本管理制度，如条例适用范围、获取审批、分类管理、传统知识集体管理、惠益分享、出境检查等。其中，该草案将"获取与惠益分享协议"作为获取和惠益分享活动的审批要件。由此可以窥见，立法者试图采用私法合同+行政审批的获取与惠益分享管理措施。私法合同将是生物遗传资源获取与惠益分享的重要法律依据之一。

根据《民法典》"合同编"有关规定，"合同是民事主体之间设立、变更、终止民事法律关系的协议"。生物遗传资源获取与惠益分享协议属于我国《民法典》"合同编"规定的无名合同，其法律特征表现为双务合同、有偿合同，形式要件要求必须是书面格式，国家有权机关的审查、批准或者登记是其成立和有效的要件。按照《民法典》"合同编"第四百六十七条的规定，无名合同的调整适用"合同编""通则"的规定，并可以参照各类有名合同最相类似的规定。如果不涉及后续技术相关利益的分享，只是要求即时的、直接的对材料使用的货币补偿时，生物遗传资源获取与惠益分享协议和普通有形物的许可使用合同（即买卖合同）相似。如果涉及后续技术特别是知识产权时，可以借鉴"技术开发合同"和"技术转让合同"相关规定。本文将以上述草案及其拟建立的基本制度框架为依规，提出制订我国生物遗传资源获取与惠益分享协议合同范本的具体路径。

一、合同标的物及其权属

根据草案有关适用范围的规定，生物遗传资源和生物遗传资源相关传统知识属于"生物遗传资源获取与惠益分享协议"的标的物。总体来看，草案界定的"生物遗传资源"包括《生物多样性公约》意义上的"遗传材料"和《名古屋议定书》意义上的"衍生物"。同时，草案对"生物遗传资源"的概念进行了扩大，使之超越《生物多样性公约》及其《名古屋议定书》相关定义的范围，如遗传信息、人工合成的天然产物和衍生物构效信息。换言之，生物遗传资源获取与惠益分享协议的标的物包括遗传物质、遗传信息、衍生物、衍生物构效信息和传统知识。既有物质的、有形的，也有非物质的、无形的。

在实践中，获取者虽然以获取遗传材料为目标，但直接采集的对象多表现为生物个体（如微生物菌株等）、生物体部分（如植物叶片和动物细胞）、基因库数据等。但无论获取者采集的对象是什么，都能对应明确的基原，即遗传物质、衍生物或者其所含信息来源的或者起源的生物物种个体。传统知识虽然是无形的，但其利用也必须通过遗传材料、衍生物等实物才能实现。例如，获取者收集到某种中药材的传统用法，其后续利用必然也是对相应中药材的开发。因此，"生物遗传资源获取与惠益分享协议"应当明确遗传物质、衍生物或者其所含信息、传统知识的基原生物，明确约定其形态学特征、数量、采集地等信息。

此外，由于"生物遗传资源"和"传统知识"的权属无明确法律规定，所有权人缺位，实际持有人多样化，基因库信息和数据可以取得知识产权等现行制度加剧了标的物权属的复杂性。例如，《森林法》规定"森林资源属于国家所有，由法律规定属于集体所有的除外"；《森林法实施条例》将"森林资源"解释为"包括森林、林木、林地以及依托森林、林木、林地生存的野生动物、植物和微生物"，而同时条例第五条又规定了"单位和个人所有的林木"。这种现行法律法规之间有关生物个体（林木）所有权的不协调，进一步加剧了生物遗传资源所有权确认的复杂性。然而，"生物遗传资源"的权属也并非无迹可寻。诚如前文所论，我国《宪法》和相关现行法律已经确立了"自然资源"全民所有和集体所有、"野生动物资源"国家所有的所有权架构，可以据此推导出"生物遗传资源"特别是自然状态的、未经人工改造的生物遗传资源属于国家所有，并由中央政府行使所有权。单位或者个人保藏的生物遗传资源，虽然已经脱离其原生境乃至数字化，但只要其主要功能片段未经过人工改造如人为改变碱基排列顺序，其所有权应该归属于国家，并由有权机关代为行使所有权。由于生物产业的任何利用都离不开对这类天然资源的分离、提取、鉴定、加工、修饰和改造，进而成为对资源子代或者部分的研究和商业开发。因此，生物遗传资源获取与惠益分享协议标的物还应该延伸至生物遗传资源的子代和部分。

二、合同利益相关方

生物遗传资源获取与惠益分享协议的利益相关方包括协议当事人、第三方受益人和国家有权机关。

1. 协议当事人

合同是合同主体即当事人双方的自由意思表达。因此，当事人之间的合意尤为重要。而生物遗传资源获取与惠益分享协议订立的关键之一，就在于确定当事人双方——提供者和获取者——的法律地位。获取者较为清晰，通常是拥有资金、技术和利用目标的组织或者个人,其身份信息十分明确且可采集。提供者的确定则较为复杂。

草案没有对生物遗传资源的权属进行规定,因而没有明确将"生物遗传资源所有权人"作为协议主体,而是采用"生物遗传资源持有人"这一法律概念,将其作为协议当事人一方即"提供者"。"持有人"概念在我国立法中首见于 2017年施行的《中医药法》,第四十三条对"中医药传统知识持有人"的权利进行了规定,但未对其认定标准等进行明确。草案虽然没有对"生物遗传资源持有人"进行明确界定,但是可以理解为生物遗传资源的采集者、保有者或者直接提供标的物给获取者的组织或个人。例如,采集或者培植草药的农民、微生物保藏机构、养猪的农户等直接提供生物遗传资源给获取的组织或者个人。按照上文对生物遗传资源所有权的推导,"生物遗传资源持有人"实际上行使的是《民法典》"物权编"规定的"用益物权",而非"所有权"。对于无法确定持有人或者持有人不明确的情形,草案规定由国家有权机关指定专门机构,作为当事人一方,与获取者签订协议。对于传统知识作为标的物的合同,因传统知识具有集体属性,草案规定由"传统知识集体管理组织"作为协议当事人一方,与获取者签订协议。因此,在生物遗传资源获取与惠益分享协议中,当事人包括作为一方的获取者和作为另一方的"生物遗传资源持有人"、国家有权机关指定的专门机构或者"传统知识集体管理组织"。

2. 第三方受益人

按照《国际商事合同通则》,合同可以设立第三方权利[①],受益人享有的权利由当事人之间的协议确定,并受该协议项下的任何条件或者其他限制的约束。第三方受益人必须能够根据协议明确确定,但不一定必须在订立协议时就存在。我国《民法典》"合同编"规定合同不得损害第三人利益,而未对第三方受益人及其权利进行规定。在 FAO-ITPGRFA-SMTA 中,第三方受益人为 ITPGRFA 管理机构指定的实体,代表管理机构和多边系统行使两项权利,即收集或取得相关信息和启动争端解决机制。在南非的获取与惠益分享制度中,《材料转移协议 2015》和

---

① 《国际商事合同通则》第 5.2.1 条(第三方受益的合同):(1)合同当事人(即允诺人和受诺人)可通过明示或者默示协议对第三方(即受益人)设定权利;(2)受益人对允诺人享有权利的存在及其内容,由当事人之间的协议确定,并受该协议项下的任何条件或者其他限制的约束。

第 5.2.2 条(第三方的确定性):受益人必须能够根据合同充分明确地加以确定,但其不必须在订立合同时就存在。

第 5.2.3 条(排除和限制条款):为受益人设定的权利,包括受益人援引合同中排除或者限制其责任的条款的权利。

第 5.2.4 条(抗辩):允诺人可以向受益人主张其可以向受诺人主张的所有抗辩。

第 5.2.5 条(撤销):在受益人接受合同为其设定的权利或者已信赖该权利合理行事之前,合同当事人可以修改或者撤销该权利。

第 5.2.6 条(放弃权利):受益人可以放弃为其设定的权利。

《惠益分享协议 2015》虽然没有"明示"第三方受益人及其权利，但其法律制度中规定了"提供者应得货币惠益"以外的货币惠益交由生物勘探信托基金管理。环境部依照《公共预算法》有关规定，管理和维持生物勘探信托基金的运行和使用。同时，南非法律法规还专门要求惠益必须包含一些代表社会公共利益的惠益安排，而这些惠益不可能由提供者直接取得和执行。因此，实质上，南非政府已经成为了当事人在生物遗传资源获取与惠益分享协议中"默示"的第三方受益人，并享有一定权利。

按照生态环境部征求意见的专门法规草案，"生物遗传资源持有人"、国家有权机关指定的机构或者"传统知识集体管理组织"与获取者签订生物遗传资源获取与惠益分享协议。同时，该草案也规定了"国家应得惠益"和"原始提供人利益"相关条文，处理国家政府、原始提供人的利益分配问题。当事人双方应当在协议中"明示"或"默示"约定第三方受益人。国家政府是生物遗传资源的所有权人，行使所有权的国家有权机关或者其指定机构可以作为国家利益和社会公共利益的代表，成为协议的第三方受益人，参与惠益分享。"原始提供人"包括生物遗传资源原产地社区、来源地社区或者个人等，虽然其没有直接与获取者达成协议，但可以在生物遗传资源获取与惠益分享协议中明示其第三方受益人的法律地位。当地社区或者个人参与惠益分享，能够鼓励生物遗传资源分布地区的生物多样性保护活动。对于传统知识作为生物遗传资源获取与惠益分享协议标的物的，由于草案采取登记确定惠益分享权的方式已经涵盖了传统知识的所有利益相关方，因而"传统知识集体管理组织"与获取者签订的协议中可酌情设置第三方受益人及其权利。第三方受益人的权利内容以知情权和惠益分享权为主，可由当事人依据法律法规的规定来具体商定。

3．国家有权机关

国家有权机关不是生物遗传资源获取与惠益分享协议的当事人，虽然能够以第三方受益人的法律地位参与惠益分享，但在协议订立和执行中的职责主要是协议审批和监督执行两个方面。草案为此制订了统一监督、各部门按照职责分工负责的生物遗传资源获取与惠益分享管理体制方案。生物遗传资源获取与惠益分享协议应当因循分部门审批、统一监督的立法思路，结合近期国家机构改革方案对各部门职责的规定，对生物遗传资源获取与惠益分享协议所涉各部门职责进行明确。

2018 年中共中央印发《深化党和国家机构改革方案》，决定组建"自然资源部"，"统一行使全民所有自然资源资产所有者职责……着力解决自然资源所有者不到位"等问题；组建"生态环境部"，"统一行使生态和城乡各类污染排放监管与行政执法职责"；组建"农业农村部"；组建"国家卫生健康委员会"。国务院印发《国务院关于机构设置的通知》（国发〔2018〕6 号），明确了国务院组成部门、直属机构、办事机构等。

按照党中央、国务院自然资源所有权与监督权分治的改革思想，可以初步设想生物遗传资源获取与惠益分享协议所涉及的国家有权机关具体为：自然资源管理部门作为所有权的行使者，可以承担合同审批并代表国家参与惠益分享的职责；改革方案并未剥离原农业部和原卫生计生委的生物遗传资源管理职能，因此按照以往管理实践，农业农村部门、卫生健康部门、中医药部门可以分别承担农业领域和医药领域生物遗传资源的合同审批职责，并代表国家参与惠益分享；生态环境部门统一行使生物遗传资源获取与惠益分享协议的行政监督权。因此，在生物遗传资源获取与惠益分享协议中，自然资源、农业农村、卫生健康、中医药等部门或者其依法授权的机构具有合同审批权限，同时可以第三方受益人的法律地位代表国家政府参与惠益分享；生态环境部门作为协议谈判、订立和执行的监督者，有权查验和核实生物遗传资源获取、研究、知识产权、出境、转让、惠益分享等活动相关资料和信息。

三、当事人权利义务

生物遗传资源获取与惠益分享协议包含了生物遗传资源提供者和获取者做出的可控告承诺，这为各方生成了特定的权利和义务。缔约各方权利义务的安排，其实就是相关惠益分享的具体方式。

1. 提供者权利义务

总体上，提供者在生物遗传资源获取与惠益分享协议中享有事先知情同意权、惠益分享权和名誉权等权利和权益。所谓事先知情同意权利，是指提供者对其所提供的生物遗传资源相关活动或者进展享有知情权，同时任一关键环节的活动如获取、转让、商业化以及知识产权的申请、转让和实施，均需要事先得到提供者的必要书面授权。惠益分享权利是指，提供者对生物遗传资源的研究成果、商业利益、知识技术等的部分或者全部享有占有、处置、受益等权利和权益。名誉权是一种人格权，主要是指提供者在成果发表、知识产权申请等环节的署名权，以及获取者以适当的方式向提供者致谢。例如，提供者可以要求获取者在生物遗传资源利用所产出的公开出版物中承认提供者的贡献。

根据提供者的不同性质，其在生物遗传资源获取与惠益分享协议中主张的主要权利有所不同。教育科研机构往往侧重开放获取生物遗传资源、促进科学研究、核心技术共享、人员技能培训、实验设施设备更新等。因此，教育科研机构面临的主要问题是如何在协议中平衡这些领域的利益。知识产权条款也应反映教育科研机构的特定优先权。如果生物遗传资源提供者是产业部门，可能会考虑到获取者利用生物遗传资源所得的发明对自己的竞争能力产生的影响。惯常做法是在有关协议中加入所谓的"回授"条款，按照此类条款，作为提供者的产业部门力求确保有权使用源于所提供生物遗传资源的发明专利。通过在生物遗传资源获取与惠益分享协议中加入此类条款，即使获取者以该资源为基础研发了一项重要发明，提供者也可以保护其自身的市场竞争能力。如果提供者是地方社区，地方社区或其代理人的完全、有效参与对谈判进程非常重要。他们有权要求获取者对传统知识"保密"的权利。

生物遗传资源提供者在获取与惠益分享协议中的义务主要表现为以下 5 项：①明示协定所涵盖的标的物和提供方式；②承诺对获取者采集、收集或者获取标的物提供便利；③必要时与传统知识持有者协调合作，促进协议生效；④确保提供准确、真实的生物遗传资源；⑤提供者需要对获取者提供的信息或者报告内容进行必要的保密。此外，在南非和埃塞俄比亚的获取与惠益分享制度中，政府机构作为协议当事人，需要与土著社区或者其授权代表就获取与惠益分享活动展开协商，并由土著社区代表在协商一致的获取与惠益分享协议上签字。

2. 获取者权利义务

生物遗传资源获取者主要享有合规使用、转让、开发、经营生物遗传资源的权利，以及从生物遗传资源利用中取得收益的权利。获取者在行使自身权利时，需要满足法律法规的规定和协议约定，例如得到提供者必要的同意。合法合规获取的生物遗传资源，获取者有权自由或者按照约定的研究计划对其进行科学研究，有权按照约定的条件向第三方转让，有权按照约定的条件对研究成果进行发表、申请知识产权保护或者授权第三方实施相关知识产权，有权按照约定的条件进行商业化活动并取得生产和经营收益。

生物遗传资源获取者需要承担的义务主要是取得授权义务、如实报告义务、守法合规义务和惠益支付义务。获取者在获取、研究、转让、商业化以及知识产权申请、转让和实施前，有必要按照约定的方式征得提供者的同意或者授权。获取者需要提供一份关于生物遗传资源的详细的研究计划和商业开发计划，包括预期产出；同时，获取者需要按照约定的时间或者期限向提供者或者国家有权机关报告研究进展、成果、收益等信息。守法合规义务是指，获取者应当遵守提供者制定的关于生物遗传资源获取和利用的规则，以及提供者国家发布实施的环境影响、社会文化、经济发展等领域的法律法规和规章，确保其研究、开发、生产、经营等行为不违反现行相关制度。获取者有义务按照约定的方式给付相关货币惠益和非货币惠益。此外，在一些国家的制度中，获取者需要向指定的国家保藏单位提供被获取的生物遗传资源标本和形态学数据，需要以约定价格将相关产品提供给指定机构或者社区，需要确保地方社区继续使用生物遗传资源和相关知识的义务，等等。

四、争端解决机制

解决当事人之间有关生物遗传资源获取与惠益分享协议分歧的方式，主要有协商、调解、仲裁和诉诸司法等。生物遗传资源获取与惠益分享协议具有涉外合同属性，因此还涉及管辖权和适用法律的问题。

多数生物遗传资源获取与惠益分享协议都将"双方友好协商"作为解决合同争端的主要方式，部分协议甚至将其作为唯一方式。按照争端解决的成本效益优先原则，对于协商不能达成一致的，应当选择由共同认可的第三方进行调解。国家有权机关可以通过行政手段进行调解，再由当事人达成调解协议书，国家有权机关对调解协议书的执行发挥监督作用。协议当事人、第三方受益人、国家有权机关等生物遗传资源获取与惠益分享协议的利益相关方都应享有启动调解机制的权利。当国家有权机关启动调解机制时，其不应作为调解人，而应当交由符合法律法规规定的、双方认可的调解机构担任调解人。调解协议书应对当事人具有约束力。

对于调解不成的，应当根据适用的仲裁程序和规则，按照协议规定提交约定的仲裁机构。当事人也可以选择按照《生物多样性公约》附件 2 规定的"仲裁"程序进行仲裁。因此，当事人需要在生物遗传资源获取与惠益分享协议中约定仲裁机制，如启动、程序、规则和仲裁机构。对当事人具有法律效力的仲裁裁决，应该得到履行。在规定期限内，拒不履行的，受损害一方当事人，可以请求法院执行。

生物遗传资源获取与惠益分享协议的当事人还可以选择诉讼作为解决争端的途径。《民法典》"合同编"规定，在我国境内履行的中外合作勘探开发自然资源合同，适用我国法律。按照《民事诉讼法》有关管辖权的规定，因在我国履行中外合作勘探开发自然资源合同发生纠纷提起的诉讼，由中华人民共和国人民法院管辖。受损一方可以依据不同情形选择在协议签订地、协议履行地、诉讼标的物所在地、可供扣押财产所在地、侵权行为地或者侵权方代表机构住所地人民法院提起诉讼。因此，当事人可以在生物遗传资源获取与惠益分享协议中约定适用的我国法律和具有管辖权的人民法院。

一些获取与惠益分享制度不完善、行政能力和社区能力不足的国家（如埃塞俄比亚），在适用的法律中引入了当事人双方政府参加或者缔结的国际条约（如《生物多样性公约》），将其与国内法置于同等重要的地位，能够弥补国内行政监管和执法能力的缺陷，有利于不同国家的生物遗传资源制度协调。然而，对于生物遗传资源保护与监管能力较强、法制健全的国家而言，这一做法的意义则没有那么重要。

五、其他必要的条款

生物遗传资源获取与惠益分享协议的其他条款主要涉及违约与赔偿、免责、协议期限和终止、生效、取消等内容。生物遗传资源获取与惠益分享协议当事人应特别关注的条款之一是终止条款。实际上，与协议相关的权利和义务是逐步终止的，当不再有重要的权利和义务存在时，协议可以视为"终止"，所以大多数协议都是"附条件终止"协议。对后续技术的"使用许可合同"可能会设定使用许可的绝对期限，或确定使用许可的时间表，并有某些重要时间点需要满足，以及规定相应的义务（例如当某一产品的商业化得到批准时，同意就进一步的条件进行协商）。

生物遗传资源获取与惠益分享协议还应当包含协议监督机制条款。生物遗传资源获取与惠益分享协议中所产生的利益有时不是立即显现的，是对于后续的技术开发所产生的利益的分享，可能要经过一段比较长的时间。因此，协议的履行如何进行监督，也是协议双方必须设定的条款。例如，美国国家公园管理局在合同范本中构建了完善的报告措施，设定了全价值链的履约监督机制。

第四节　协议的总体框架

南非是生物多样性大国，生物产业方兴未艾，法律制度较为完善，行政人员积累了丰富的管理和执法经验。埃塞俄比亚生物多样性丰富，但综合实力薄弱，管理效率不高。美国本身是生物多样性大国，也是生物产业强国和生物遗传资源使用国，国内获取与惠益分享制度十分完善，行政效率相对较高。这三个国家在生物产业发展水平、制度体系完备性、行政管理能力等方面存在较大差异，但均无一例外地将生物遗传资源获取和惠益分享区分为两个阶段，即获取阶段和商业化阶段，采用材料转移协议和惠益分享协议相互结合、环环相扣、密切衔接的方式，发布实施生物遗传资源获取与惠益分享协议的合同范本。

参照上述国家成熟经验，本着增强协议谈判公平性和协议实施确定性的思路，遵循环境保护部（现生态环境部）《生物遗传资源获取与惠益分享管理条例（草案）》征求意见稿的立法思路，拟按照生物遗传资源价值链不同阶段的特征（图4-1），将我国生物遗传资源获取与惠益分享区分为获取阶段和商业化阶段。不同的阶段，签订不同的协议，约定不同客体（"共同商定条件"）。同时在协议成立要件、条款有效性、有效期等方面设置两者相互依存、相互支持、相互衔接的条文，增强协调性。具体而言，提供者和获取者在获取阶段签订《生物遗传资源获取协议》，在商业化阶段签订《生物遗传资源惠益分享协议》，同时参照《民法典》"合同编"有关合同内容的规定[①]制订合同范本的总体框架。

---

① 《民法典》"合同编"第四百七十条规定，合同的内容由当事人约定，一般包括下列条款：（一）当事人的姓名或者名称和住所；（二）标的；（三）数量；（四）质量；（五）价款或者报酬；（六）履行期限、地点和方式；（七）违约责任；（八）解决争议的方法。

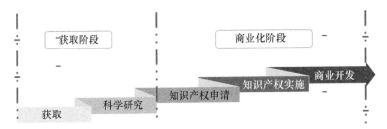

图 4-1　生物遗传资源价值链

一、生物遗传资源获取协议

《生物遗传资源获取协议》约定当事人在获取阶段的权利义务，主要包括以下内容。

1. 当事人

《生物遗传资源获取协议》的当事人系生物遗传资源的提供者和获取者。按照环境保护部（现生态环境部）草案，提供者是指"生物遗传资源持有人"，获取者是指以科学研究、商业开发等为目的获取和利用生物遗传资源的中外自然人、法人或者组织。"生物遗传资源持有人"是指实际采集、保藏、保存生物遗传资源的我国自然人、法人或者组织。假设生物遗传资源所有权人推定为国家政府，"生物遗传资源持有人"不明确的，将由国家有权机关指定的机构代为行使协议谈判、订立和执行的权利，即由行使生物遗传资源所有权的国务院部门指定的机构作为协议的"生物遗传资源持有人"。涉及传统知识的，"生物遗传资源持有人"包含两种情况。若在集体管理组织登记的，则为"传统知识集体管理组织"。若未在集体管理组织登记的，则为当地社区代表。在"当事人"条款中，需要明确双方的名称、身份信息和联系信息。涉及当地社区的，还应有当地社区和社区代表相关信息。

2. 术语定义

协议应当约定适用的专门术语，并对其进行详细并且明确的解释。虽然环境保护部（现生态环境部）草案对"生物遗传资源""传统知识""生物遗传材料""衍生物"等概念进行了法律上的规范，当事人仍然可以依据个案在协议中进一步明确协议适用的对象和范围。当事人也可以在《生物遗传资源获取协议》中引入"研究成果""商业开发""生物遗传资源子代"等概念，加以详尽解释，增加协议的准确性，提高执行效率，降低在协议执行过程中产生分歧的风险。

3. 标的物

《生物遗传资源获取协议》的标的物是"生物遗传资源"或者"传统知识"，需要对其进行科学、准确、详尽的描述。对于生物遗传资源，应当准确记录其基原的名称（含中文正名、科学名和当地名）、部位、数量、采集地和形态。对于传统知识，应当对其关键知识、技术、工艺、诀窍等进行描述，同时还应记录其所涉及基原生物的信息。本条文还应当明确约定标的物是否涵盖生物遗传资源的子代，以及提供者相关研究成果、数据信息和知识产权保护状态等。特别地，应当专门说明附着于转移的生物遗传资源上的其他生物遗传资源和本协议的关系，例如是否同时转移附着生物遗传资源。

4. 获取目的

本条文应当明示生物遗传资源仅能用于科学研究等非商业用途，同时可以要求获取者详细说明科学研究等非商业利用的计划、方案和进度。如果获取者拟将生物遗传资源或者研究成果用于商业用途，必须事先得到提供者的书面同意，同时须签订《生物遗传资源惠益分享协议》。此外，本条还可以对生物遗传资源的使用地点进行约定，例如，未经提供者事先同意，不得在获取者单位以外的其他单位进行任何活动。

5. 第三方转让

本条文主要约定生物遗传资源及其研究成果的第三方转让条件。《生物遗传资源获取协议》所涉及的生物遗传资源及其产生的研究成果不得转让给任何第三方，无论其拟从事任何用途的利用，除非得到提供者的事先书面同意。提供者同意转让的，受让人应当与提供者签订新的《生物遗传资源获取协议》；或者在受让人与获取者签订的转移协议中，受让人承诺承担获取者在其与提供者签订的《生物遗传资源获取协议》中的全部权利和义务。需要注意的是，经授权后，获取者向第三方转让的生物遗传资源仅能用于科学研究等非商业用途。

6. 双方义务

本条文需详尽列明当事人承担的权利和义务，主要有以下几个方面：

（1）提供者是否免费向获取者提供生物遗传资源。付费提供的，应当明确说明生物遗传资源采集费、收集费等费用的数额、支付方式和支付期限等。提供者向获取者提供的生物遗传资源是否具有排他性和独立性。

（2）当事人合作研究情况，包括提供者是否参与研究、如何参与、研究成果分配等。提供者参与研究的，需要注明参与的工作内容、技术等的投入、产出技术成果是否共享共用。

（3）当事人就研究成果相关出版和知识产权应承担的权利和义务。获取者承诺在研究成果相关出版物中给予提供者署名、致谢或者对生物遗传资源来源给予适当承认，以及在知识产权申请中适当承认和披露生物遗传资源的来源。

（4）追踪监测相关权利义务。获取者承诺按照研究计划列明的进度，向提供者提交书面进度报告，详细说明不同阶段的生物遗传资源使用情况、技术成果产出、下一步工作计划等；同时还应承诺在成果发表、知识产权申请前向提供者报告拟发表或者申请知识产权的研究成果。此外，当事人还可以考虑是否需要获取者承诺向提供者、国家有权机关提交年度报告，详细说明年度研究进展、成果以及下一步工作计划。

（5）当事人守法合规义务。提供者应承诺其提供的生物遗传资源及其采集、收集、保藏等行为本身符合我国法律法规和规章的规定。获取者应承诺其获取和研究行为符合我国法律法规和规章的规定，不得对生物遗传资源造成不可逆转的损害，不对当地社区依照传统方式利用生物遗传资源的权利构成任何形式的减损，同时还需要承诺将以环境友好的方式利用生物遗传资源。

7. 免责

本条文主要约定当事人的免责事项。提供者可以不对其所提供的生物遗传资源的安全性、有用性以及研究过程中是否侵害现有知识产权承担责任。任一当事人对另一当事人利用、存储、丢弃生物遗传资源所产生的损害不承担任何责任，除非是由任一当事人严重过失或者故意不当行为造成的，且仅应承担法律规定的赔偿责任。

8. 协议的终止

本条文主要约定当事人构成违约的情形和救济措施，以及协议终止的条件。当事人一方构成违约时，另一方应有权要求侵权方限期整改，拒不改正的可以终止协议，造成损害的可以采取其他补救措施。除违约终止外，《生物遗传资源获取协议》可以因研究计划完成、按约定用尽或退还生物遗传资源、单方终止、约定的有效期届满等终止。当事人可以自行约定一项或者多项终止条件，并对终止情形进行详细说明。同时，本条文还应对协议终止后生物遗传资源及其研究成果如何处置进行约定。特别地，《生物遗传资源获取协议》终止后，部分条文应当持续有效，如用途、第三方转让以及权利义务部分条文。特别地，应当保障国家有权机关为确保公共利益而要求当事人终止协议的权利。

9. 争端解决

当事人因《生物遗传资源获取协议》所产生的分歧可以通过协商、调解、仲裁、诉讼等途径解决。当事人可以选择多种争端解决方式，重视每种途径的效力和未尽效力的救济补偿措施。需要注意的是，按照《民事诉讼法》相关规定，拟采用仲裁解决争端的当事人，应当约定我国仲裁机构，适用该机构的仲裁规则；拟采用诉讼途径的，应列明我国适用的法律制度和具有管辖权的人民法院。

10. 适用的法律

由于《生物遗传资源获取协议》可能具有涉外性质，当事人应当约定适用的法律法规。所列出的法律法规应为我国发布实施的、与协议具有直接相关关系的法律和法规。

11. 生效

当事人可以约定《生物遗传资源获取协议》在国家有权机关或其授权机构批准之日起生效，也可以约定在国家有权机关或其授权代表签署日及其之后的任一日期生效。

12．其他

当事人应约定协议的联系人，并明确联系信息。同时，应当明确协议有效文本的语言、份数和效力。

13．签署

提供者和获取者作为《生物遗传资源获取协议》的当事人，其授权代表应在达成合意后签名。特别地，《生物遗传资源获取协议》还应当由国家有权机关进行审查，审核无异议的，应当在合同上注明"合同编号"。各签署人在签字时写明姓名、职务和签字日期。

二、生物遗传资源惠益分享协议

《生物遗传资源惠益分享协议》和《生物遗传资源获取协议》存在前后相继的法律关系，其部分内容应当对《生物遗传资源获取协议》的权利义务关系进行继承和衔接。《生物遗传资源惠益分享协议》需要约定当事人在商业化阶段的权利义务，主要包括以下内容：

1．当事人

《生物遗传资源惠益分享协议》的当事人应当与《生物遗传资源获取协议》的一致，同时需要记录名称、身份信息和联系信息等。

2．本协议的有效性

当事人应当明确说明《生物遗传资源惠益分享协议》和已经签署生效或者终止的《生物遗传资源获取协议》的关系，列出已生效或者终止的《生物遗传资源获取协议》的合同编号。该合同编号系由国家有权机关编制，并在《生物遗传资源获取协议》上明确标注。

3．术语定义

当事人可以约定适用于《生物遗传资源惠益分享协议》的专用术语，并对其进行详细解释，例如年度授权费、销售额、利润等。当事人可以继承已经在《生物遗传资源获取协议》中解释过的术语及其解释。

4．商业计划

当事人应当详细约定商业活动的内容。获取者需要具体陈述对研究成果的商业计划，包括知识产权申请、知识产权实施或者授权第三方实施、商业生产和销售、预期商业产品等。如有必要，当事人也可以约定提供者需要在商业化阶段投入的人力、技术或者设备，明确提供者需要完成的工作。

5．权利与义务

获取者有义务尽最大努力按照商业计划的内容使相关研究成果付诸生产和市场销售。

当事人可以约定预期商业产品的可及性，以及后续开发条件。例如，提供者能够以何种优惠条件获得商业产品；提供者是否可以以及以何种条件向第三方提供商业产品，用于后续研究和商业开发；获取者对商业产品的后续开发享有何种权利以及应当承担的义务；等等。

获取者是否享有将《生物遗传资源惠益分享协议》的权利和权益让渡给第三方；其让渡行为应当承担何种义务；提供者在获取者的让渡行为中享有何种权利；以及受让方应承担何种义务；等等。

获取者的商业活动或者让渡行为应当遵守我国有关环境保护、生物遗传资源保护和利用、公共卫生、国家安全等领域的法律法规，在从事相应活动时应依法取得必要的许可、授权或者同意。

当事人应当约定知识产权申请、实施和研究数据使用等方面的权利和义务。各自独立完成所取得的技术发明，可以约定为独立申请知识产权，可以考虑以优惠条件交叉授权使用。对于共同完成所取得的技术发明，可以约定共同申请、共同享有知识产权；也可以有条件地选择由一方自费、双方合作、及时提交知识产权申请。当事人应当对知识产权的转让、授权或许可、实施或授权实施的条件，以及转让、授权或许可是否具有排他性、可撤销性、付费需求等进行明确约定。同样地，对于在科学研究中产生的数据和信息，虽然不必要申请知识产权保护，但当事人基于对其价值的一致认可，可以约定数据信息使用、发布、展示等的条件。

当事人应当约定惠益的类型、计价单位、数额、支付方式、支付期限、逾期支付的情形、惠益的使用等进行约定。货币惠益可以选择一次性付费、年度授权费、进度付费、绩效付费等一种惠益或多种惠益的组合，同时约定计价单位、金额和支付期限，以及对逾期支付的赔付措施。进度付费的时间节点可以按照获取者承诺的商业计划中的进度支付或收取。非货币惠益则应明确列出详细内容、时间表和逾期的赔付措施。当事人还可以对惠益的用途和使用情况进行约定。

获取者应当承诺履行全面的、翔实的、及时的商业开发、知识产权申请与实施、权利让渡、商业产品生产销售与盈利、惠益支付等的报告义务。此外，当事人还应承诺向国家有权机关分别或者共同提交商业开发、知识产权申请与实施、权利让渡、商业产品生产销售与盈利、惠益支付等事项的年度报告。

当事人应当就上述权利义务的独立可执行性进行明确约定。可独立执行条款在《生物遗传资源惠益分享协议》终止后仍然需要得到有效执行。

6. 第三方受益人

当事人应当在此条文中约定法律法规规定的国家和原始提供人分别共享惠益的权利和权益，明确具体的共享方案，包括货币的和非货币的惠益类型、数额、计价单位、支付方式、支付期限、逾期赔付等。同时，也可以约定符合法律法规规定的惠益用途。此条文应该具有可独立执行性。

7．保密义务

当事人应约定双方对《生物遗传资源惠益分享协议》内容的保密义务，明确保密信息、保密范围、保密条件、保密期限等。

8．修订、违约和终止

当事人可以约定《生物遗传资源惠益分享协议》的修订条件，如双方一致同意后可修订协议，并将协议的修订稿提交国家有权机关审批或者登记备案后生效。

一方当事人未履行协议义务时，受侵害方可以书面通知其整改，否则终止协议，且有权采取救济措施。当事人还应当约定其他终止协议的情形。例如：获取者提出破产申请、裁定破产、无力偿债；商业产品虽已上市销售但一年内未能配送或销售产品；获取者解散或者终止运行；等等。同时，当事人还应明确列出在协议终止后仍具有可独立执行性的条款。特别地，应当保障国家有权机关为确保公共利益而要求当事人终止协议的权利。

9．免责

提供者不对商业计划可行性、商业产品安全性和适销性等提供任何形式的担保，不对此承担责任。当事人还应当约定适用免责的不可抗力因素，如自然灾害、政局动荡、司法禁令等。但不能履责的一方，应当在发生不可抗力时及时通知另一方，并尽力恢复履责能力。

10．争端解决

当事人因《生物遗传资源惠益分享协议》所产生的分歧可以通过协商、调解、仲裁、诉讼等途径解决。当事人可以选择多种争端解决方式，重视每种途径的效力和未尽效力的救济补偿措施。需要注意的是，拟采用仲裁解决争端的当事人，应当约定我国仲裁机构，适用该机构的仲裁规则；拟采用诉讼途径的，应列明我国适用的法律制度和具有管辖权的人民法院。

11．适用的法律

由于《生物遗传资源惠益分享协议》具有涉外性质，当事人应当约定适用的法律法规。所列出的法律法规应为我国发布实施的、与协议具有直接相关关系的法律和法规。

12．协议有效期

与《生物遗传资源获取协议》一样，《生物遗传资源惠益分享协议》也应当在得到国家有权机关或其授权代表批准后生效。当事人在约定《生物遗传资源惠益分享协议》的有效期限时，应当考虑以下几个因素：第一，是否已经取得知识产权；第二，知识产权保护期限是否届满；第三，当事人是否已放弃本协议权利义务；第四，商业产品是否上市销售；第五，当事人是否已终止生产、销售相关商业产品并停止获利。

13．其他

当事人应约定协议的联系人，并明确联系信息。同时，应当明确协议有效文本的语言、份数和效力。

14．签署

提供者和获取者作为《生物遗传资源惠益分享协议》的当事人，其授权代表应在达成合意后签名。特别地，《生物遗传资源惠益分享协议》还应当由国家有权机关进行审查，审核无异议的，应当在合同上注明"合同编号"。各签署人在签字时应明确姓名、职务和签字日期。

附录一 《生物遗传资源获取协议》合同范本

生物遗传资源获取协议

协议编号：

本协议及其附件系当事人之间关于 □生物遗传资源 或者 □传统知识 获取活动的完全合意。

1 当事人

1.1 提供者（以下称"甲方"）

名称：＿＿＿＿＿＿＿＿＿＿＿＿＿＿＿＿＿＿＿＿

法定代表人或者授权代表：＿＿＿＿＿＿＿＿＿＿＿＿＿＿

联系电话：＿＿＿＿＿＿＿＿＿＿ 传真：＿＿＿＿＿＿＿＿＿＿

通信地址：＿＿＿＿＿＿＿＿＿＿＿＿＿＿＿＿＿＿＿＿

1.2 获取者（以下称"乙方"）

1.2.1 若为法人或组织

名称：＿＿＿＿＿＿＿＿＿＿＿＿＿＿＿＿＿＿＿＿

联系电话：＿＿＿＿＿＿＿＿＿＿ 传真：＿＿＿＿＿＿＿＿＿＿

通信地址：＿＿＿＿＿＿＿＿＿＿＿＿＿＿＿＿＿＿＿＿

1.2.2 若为自然人

名称：＿＿＿＿＿＿＿＿＿＿＿＿＿＿＿＿＿＿＿＿

身份代码：＿＿＿＿＿＿＿＿＿＿＿＿＿＿＿＿＿＿＿＿

联系电话：＿＿＿＿＿＿＿＿＿＿ 传真：＿＿＿＿＿＿＿＿＿＿

通信地址：＿＿＿＿＿＿＿＿＿＿＿＿＿＿＿＿＿＿＿＿

2 术语定义

（当事人自行选择并详细解释）

3 标的物

本协议，适用于以下 □ 生物遗传资源：

中文正名	当地名	拉丁名	部位	数量	采集地	形态

或者，

□ 传统知识：

（当事人应对传统知识进行描述，并列出涉及的基原生物信息）

本协议所涉生物遗传资源不包括附着其上的其他生物遗传资源，同时也不包括甲方享有所有权的生物遗传资源相关数据、知识和技术。

4　获取目的

4.1　乙方承诺仅将本协议所涉□生物遗传资源/□传统知识用于科学研究或者非营利性教育目的。

4.2　未经甲方事先书面同意，并与甲方签订《生物遗传资源惠益分享协议》，乙方不得将□生物遗传资源/□传统知识用于商业目的；不得将□生物遗传资源/□传统知识，或其部分，直接申请任何形式的知识产权；不得将合作研究成果申请知识产权。

5　第三方转让

5.1　未经甲方事先书面同意，乙方不得将□生物遗传资源或其子代/□传统知识、其组成、研究数据转让给任何第三方。

5.2　乙方承诺，其与受让人之间的转让协议将包括以下内容：受让方将承受乙方在本协议项下的所有义务，并承认甲方在本协议中享有的所有权利。

5.3　除非征得甲方的书面同意，转让的□生物遗传资源或其子代/□传统知识、其组成、研究数据仅能用于非商业目的。

6　双方义务

6.1　甲方的义务

6.1.1　甲方承诺自收到本协议第 6.2.2 条约定的采集费或者收集费后____个工作日内将符合本协议约定的□生物遗传资源/□传统知识移交给乙方。

6.1.2　甲方保证其提供给乙方的□生物遗传资源/□传统知识系取得、收藏合法，但甲方向乙方提供的□生物遗传资源/□传统知识不具有排他性。

6.1.3　甲方同意与乙方开展合作研究，共同投入合理资源并努力完成附件约定的研究计划。仅提供生物遗传资源或者传统知识不视为合作研究。

6.1.4　甲方承诺，甲方与拟议生物遗传资源的原始提供人____（名称、身份识别码、联系方式）____就本协议协商一致。

6.1.5　甲方对乙方提交的报告、数据、信息及其部分中涉及国家秘密或者商业秘密等未公开信息负有保密义务。除非法律、法规另有规定，或者得到乙方书面同意，甲方不得向任意第三方通报或者传递其在本协议履行期间知道的上述报告、数据、信息及其部分。

6.1.6 甲方承诺向_____（国家机关）_____如实申报本协议，并尽最大努力使本协议获得批准并生效。

6.2 乙方的义务

6.2.1 乙方同意遵守中华人民共和国有关生物遗传资源获取的法律法规和规章，确保获取行为符合甲方的所有条件和要求，承诺以环境友好的、可持续的方式开展研究。

6.2.2 乙方有义务向甲方一次性缴纳采集费或者收集费_____元人民币。乙方承诺在本协议生效后_____个工作日内将费用转入甲方指定的以下账号：

开户名称：_____

银行账号：_____

开户银行：_____

6.2.3 乙方同意与甲方合作开展本协议附件所列研究计划，共同投入合理资源，并努力完成附件约定的研究计划。

6.2.4 乙方承诺在出版物和知识产权申请时对□生物遗传资源/□传统知识的来源给予适当的承认，并对甲方公开致以谢意。

6.2.5 乙方承诺按照研究计划约定的时间向甲方提交进度报告和年度报告，说明研究工作取得的进展、成果和下一步工作安排。乙方承诺在公开发表和申请知识产权保护前向甲方报告拟发表或申请知识产权保护的发现、发明和技术创新。

6.2.6 乙方承认，当地社区有权依照传统方式利用□生物遗传资源/□传统知识。乙方承诺其获取活动不对此种权利构成任何形式的妨碍或者减损。

6.2.7 乙方同意_____（名称、身份识别码、联系方式）_____为拟议生物遗传资源的原始提供人。

6.2.8 乙方承诺协助甲方向_____（国家机关）_____如实申报本协议，并尽最大努力使本协议获得批准并生效。

7 免责

7.1 甲方交付的□生物遗传资源/□传统知识本质上是为实验性的，并可能具有危险特性。甲方不对其安全性、有用性、适销性作出任何形式的保证，同时不对□生物遗传资源/□传统知识研究是否侵犯专利、版权、商标或者其他专有权利作出保证。

7.2 乙方承担因其研究、存储、丢弃□生物遗传资源/□传统知识所产生损害的赔偿责任，甲方对前述损失不负赔偿责任。

7.3 本协议未获_____（国家机关）_____批准并生效的，双方当事人均免于承担对方所遭受损失的赔偿责任，但当事人因未尽申报、配合等义务而有过错的除外。

8　协议的终止

8.1　一方违反本协议及其附件的任何条款和条件，另一方可书面通知违约方限期改正。违约方在收到书面通知 30 个工作日内未能纠正违约行为的，则另一方有权以书面通知的方式终止本协议。

8.2　出现下列情形之一的，本协议终止：

（1）乙方退回或者按照甲方书面规定处理完□生物遗传资源/□传统知识；

（2）乙方通知并提供书面证明□生物遗传资源/□传统知识已经用尽或者销毁；

（3）本协议附件所列研究计划全部完成；

（4）一方依前（1）、（2）、（3）项规定书面通知另一方终止本协议；

（5）双方协商约定终止本协议。

8.3　本协议终止后，乙方不得继续对□生物遗传资源/□传统知识开展研究，应将剩余的□生物遗传资源/□传统知识退回、销毁或者按照双方约定的其他方式处理。

8.4　协议终止后，本协议第 4 条、第 5 条、第 6.1.2 条、第 6.1.4 条、第 6.1.5 条、第 6.2.1 条、第 6.2.4 条、第 6.2.5 条、第 6.2.6 条、第 6.2.7 条、第 7 条仍然有效。

9　争端解决

9.1　任何因本协议解释、执行所引起的争端，应当由缔约双方友好协商解决。

9.2　当事人对争议事项协商不成的，应将争议提交给审批本协议的＿＿＿（国家机关）＿＿＿进行调解；或者双方认可的其他调解方，并按照调解方的调解程序进行调解。

9.3　若当事人不能达成调解协议或者经调解不能解决争议的，双方同意：

□　将争议事项提交＿＿＿＿＿＿仲裁委员会，并按照其规定的程序进行仲裁，或者

□　按照《中华人民共和国民事诉讼法》相关规定，向具有管辖权的中华人民共和国人民法院提起诉讼。

10　适用的法律

本协议的订立、执行、解释以及争议的解决均适用中华人民共和国法律和法规。

11　生效

本协议自双方当事人签署之日成立，并于＿＿＿＿（国家机关）＿＿＿＿批准之日起生效。

12　其他

12.1　本协议项下任何通知、报告或者要求，均以特快专递、传真或者电子邮件发至如下通信地址，即视为履行书面通知义务，双方确认：

（1）甲方通信地址：＿＿＿＿＿＿＿＿＿＿＿＿＿＿＿

收件人：＿＿＿＿＿＿＿＿＿＿＿联系电话：＿＿＿＿＿＿＿＿＿

邮政编码：＿＿＿＿＿＿＿＿＿传真：＿＿＿＿＿＿＿＿＿

电子邮箱：_____

（2）乙方通信地址：_____

收件人：_____联系电话：_____

邮政编码：_____传真：_____

电子邮箱：_____

12.2　本协议一式_____份。本协议由中文、英文两种文字写成的，两种文字的协议具有同等法律效力。

签名

甲方：_____

法定代表人/授权代表人：_____

签署日期：_____

乙方：_____

法定代表人/授权代表人：_____

签署日期：_____

附　　件

研究计划

一、研究内容

二、当事人投入

三、时间进度

四、预期产出

附录二 《生物遗传资源惠益分享协议》合同范本

生物遗传资源惠益分享协议

协议编号：

本协议及其附件系当事人之间关于 □生物遗传资源 或者 □传统知识 惠益分享的完全合意。

1 当事人

1.1 提供者（以下称"甲方"）

名称：_____

法定代表人或者授权代表：_____

联系电话：_____传真：_____

通信地址：_____

1.2 获取者（以下称"乙方"）

1.2.1 若为法人或组织

名称：_____

联系电话：_____传真：_____

通信地址：_____

1.2.2 若为自然人

名称：_____

身份代码：_____

联系电话：_____传真：_____

通信地址：_____

2 本协议的后续性

本协议在当事人之间《生物遗传资源获取协议》（协议编号：_____）的基础上签订。本协议有效期内，前述《生物遗传资源获取协议》继续有效。

3 术语定义

（当事人自行选择并详细解释）

4 商业计划

以下商业计划是对当事人之间《生物遗传资源获取协议》(协议编号：_____)研究成果的商业利用，拟开展以下活动：

（乙方对商业活动的计划进行详细描述，如知识产权申请与实施、商业生产和销售、预期商业产品和收益、拟采用的方案或者途径等）

5 基本条款与条件

5.1 甲方承诺向_____（国家机关）_____如实申报本协议，并尽最大努力使本协议获得批准并生效。乙方同意协助甲方完成申报，并尽最大努力使本协议获得批准并生效。

5.2 乙方承诺投入合理资源，促使预期商业产品能够付诸生产或者生产工艺和方法得到实施，促使相关技术发明或者产品能够为公众依法取得、使用和受益。

5.3 乙方可以对本协议所约定的权利，或者其部分，许可甲方以外的第三方实施，而不需要得到甲方的同意，但乙方承诺在许可时以书面形式明确约定受让人承受乙方在本协议项下的所有义务，并承认甲方在本协议中享有的所有权利。

5.4 乙方承诺在从事本协议第4条约定的商业计划时，遵守中华人民共和国有关市场经济、环境保护、生物遗传资源保护和利用、公共卫生、国家安全等领域的法律法规和规章，确保其活动取得必要的许可、授权或者同意。

6 数据共享

6.1 乙方同意和甲方共享全部商业开发数据。

6.2 乙方授权甲方将上述共享的数据用于科学研究和非营利性教育目的。

6.3 甲方不得将乙方提供的上述共享数据用于非商业目的。

6.4 未经乙方事先书面同意，甲方不得转让或者授权任一第三方以任何目的利用上述共享数据。

7 知识产权

7.1 当事人共同完成的技术发明，由双方作为共同发明人，共同提出知识产权申请。一方独立完成的技术发明，由一方单独作为发明人提出知识产权申请。

7.2 一方放弃知识产权的申请权利时，应以书面形式通知另一方。另一方自收到通知后可以作为独立发明人自行提交知识产权申请；放弃申请的一方有义务协助另一方完成知识产权申请。

7.3 当事人共同提出的知识产权申请，申请费、实质审查费、维持费、授权登记费、授权后的年费等费用由乙方承担。

7.4 乙方同意将其独立完成的技术发明以优惠条件、非排他地、不可撤销地、不可转让地授权甲方在中华人民共和国境内实施。

7.5 乙方承诺在将其独立完成的技术发明授权甲方以外的第三方实施时，受让人将承受乙方在本协议项下的所有义务，并承认甲方在本协议中享有的所有权利。

8　惠益安排

8.1　乙方承诺向甲方提供本协议附件约定的货币惠益和非货币惠益。

8.2　乙方应将非一次性支付的货币惠益所有款项于每年＿＿＿月＿＿＿日存入甲方指定的以下账户：

账户名称：＿＿＿＿＿＿＿＿＿＿＿＿＿＿＿＿＿＿＿＿＿＿＿＿＿＿＿

纳税人识别号：＿＿＿＿＿＿＿＿＿＿＿＿＿＿＿＿＿＿＿＿＿＿＿＿＿

开户银行：＿＿＿＿＿＿＿＿＿＿＿＿＿＿＿＿＿＿＿＿＿＿＿＿＿＿＿

8.3　乙方承诺按期支付本协议及其附件约定的各项惠益，需要逾期支付的，应提前 20 个工作日书面通知甲方。甲方同意乙方逾期支付的，乙方应按月支付逾期部分，并承担逾期部分的利息。利率以中国人民银行同期发布的人民币商业贷款一年期利率为准。

8.4　甲方承诺将乙方提供的惠益用于生物多样性保护和可持续利用直接或者间接相关的研究、保藏、教育、展示、社区发展等公益性活动。

9　报告

乙方承诺以书面形式向甲方报告以下事项：

（1）按照本协议第 4 条约定的商业计划提交进度报告，详细说明活动进展、取得的成果和下一步计划；

（2）在本协议第 5.3 条和第 7.5 条约定的第三方授权之前，提交授权需求报告，详细说明拟让渡的权利和权益，以及保障甲方权利和权益的方案；

（3）本协议第 8 条项下相关的惠益支付报告，详细说明营利对象，产品、发明、技术转让、销售或者许可所得总收入，计算依据等；

（4）按年度提交商业开发活动的年度报告，说明年度内技术发明、知识产权申请和实施或者授权实施、技术转让、商业产品生产和销售以及对本协议及其附件所适用的法律法规和规章的遵守情况等。

10　第三方受益人

10.1　＿＿＿＿＿（国家机关）指定＿＿＿＿＿＿＿作为本协议第三方受益人。乙方同意自本协议第 4 条约定的商业产品开始销售当年的下一年度 10 月 1 日之前向＿＿＿＿＿＿指定的以下账户支付年度授权费。年度授权费以人民币计价，为年度内商业产品销售额或者技术发明授权费的 0.2%。

账户名称：＿＿＿＿＿＿＿＿＿＿＿＿＿＿＿＿＿＿＿＿＿＿＿＿＿＿＿

纳税人识别号：＿＿＿＿＿＿＿＿＿＿＿＿＿＿＿＿＿＿＿＿＿＿＿＿＿

开户银行：＿＿＿＿＿＿＿＿＿＿＿＿＿＿＿＿＿＿＿＿＿＿＿＿＿＿＿

10.2　当事人同意《生物遗传资源获取协议》（协议编号：＿＿＿＿＿＿）的原始提供人＿＿＿＿＿（名称、身份识别码、联系方式）＿＿＿＿＿是本协议第三方受益人。乙方同意向原始提供人指定的以下账户一次性支付本协议生效后商业产品第一个销售年度销售额或者技术发明授权费的 0.05%。此项惠益应于商业产品开始销售或者技术发明授权当年的下一年度 10 月 1 日之前支付到账，并以人民币计价。

账户名称：＿＿＿＿＿＿＿＿＿＿＿＿＿＿＿＿＿＿＿＿＿

纳税人识别号：＿＿＿＿＿＿＿＿＿＿＿＿＿＿＿＿＿＿

开户银行：＿＿＿＿＿＿＿＿＿＿＿＿＿＿＿＿＿＿＿＿＿

10.3　乙方承诺在支付之前 30 个工作日向第三方受益人提交支付报告，详细说明营利对象、产品、发明、技术转让、销售或者许可所得总收入，以及计算依据。

11　保密义务

11.1　甲方对乙方提交的报告、信息及其部分涉及国家秘密或者商业秘密等未公开信息负有保密义务。

11.2　除非法律、法规另有规定，或者得到乙方书面同意，甲方不得向乙方以外的自然人、法人或者其他组织通报或者传递其在协议履行时知道的上述报告、信息及其部分。甲方违反上述规定的，应对乙方因此而遭受的损失进行赔偿。

12　修订、违约和终止

12.1　经当事人一致同意，本协议及其附件可以修订。

12.2　当事人一方违反本协议及其附件的任何条款和条件，另一方可书面通知违约方限期改正。违约方在收到书面通知 30 个工作日内未能纠正违约行为的，则另一方有权以书面通知终止本协议。

12.3　一旦有以下情形之一发生，本协议自动终止：

（1）乙方经法院裁定破产；

（2）自本协议第 4 条约定的商业产品开始配送或者销售起，一年内未能配送或者销售任何产品；

（3）本协议第 4 条约定的商业产品退出销售市场，或者相关知识产权保护期限届满或者放弃之日；

（4）＿＿＿＿（国家机关）＿＿＿＿依照适用的中华人民共和国法律和法规，出于保障公共利益目的而终止本协议。

在前述第四种情形，（国家机关）应提前 10 个工作日书面告知当事人。

12.4　本协议终止后，乙方应于 30 个工作日内向甲方和＿＿＿＿（国家机关）提交终止报告，详细说明截至终止日本协议第 4 条约定的商业计划的进展和成果。

12.5　本协议的终止不妨碍当事人在终止日前取得的权利和义务。

12.6　本协议的终止不应使当事人免于履行本协议第 5.1 条、第 5.3 条、第 5.4 条、第 5.5 条、第 5.6 条、第 5.7 条、第 5.8 条、第 6 条、第 7 条约定的权利、义务和责任，以及本协议附录规定的各项惠益。

13　免责

13.1　本协议第 6 条确定的第三方受益人不对本协议下所产生的任何商业产

品或者技术发明的使用和生产承担责任，也不对本协议下所产生任何知识产权的受侵害承担责任。本条规定在本协议终止后仍然有效。

13.2　当事人任何一方均不应对超出其合理控制范围之外的不可预见事件承担责任。本条所称"不可预见事件"是指洪水、干旱、地震、风暴、火灾、瘟疫、流行病、战争、骚乱、内乱以及国家法律法规调整等。

13.3　本协议未获＿＿＿（国家机关）＿＿＿批准并生效的，双方当事人均免于承担对方所遭受损失的赔偿责任，但当事人因未尽申报、配合等义务而有过错的除外。

14　争端解决

14.1　任何因本协议解释、执行所引起的争端，应当由缔约双方友好协商解决。"友好"是指符合诚实、善良的标准或者合法的目的，并适用于任何此类协商的内容和形式。

14.2　当事人对争议事项协商不成的，应将争议提交给审批本协议的＿＿＿（国家机关）＿＿＿进行调解；或者双方认可的其他调解方，并按照调解方的调解程序进行调解。

14.3　若当事人不能达成调解协议或者经调解不能解决争议的，双方同意：

□　将争议事项提交＿＿＿＿＿＿仲裁委员会，并按照其规定的程序进行仲裁，或者

□　按照《中华人民共和国民事诉讼法》相关规定，向具有管辖权的中华人民共和国人民法院提起诉讼。

15　适用的法律

本协议的订立、执行、解释以及争议的解决均适用中华人民共和国法律和法规。

16　生效

本协议及其附件，或者任何修订，自双方当事人签署之日成立，并于＿＿＿（国家机关）＿＿＿批准之日起生效。

17　其他

17.1　本协议项下任何通知、报告或者要求，均以特快专递、传真或者电子邮件发至如下通信地址，即视为履行书面通知义务，双方确认：

（1）甲方通信地址：＿＿＿＿＿＿＿＿＿＿＿＿＿＿＿＿＿＿＿＿

收件人：＿＿＿＿＿＿＿＿＿＿＿联系电话：＿＿＿＿＿＿＿＿＿＿＿

邮政编码：＿＿＿＿＿＿＿＿＿传真：＿＿＿＿＿＿＿＿＿＿＿

电子邮箱：＿＿＿＿＿＿＿＿＿＿＿＿＿＿＿＿＿＿＿＿＿＿＿

（2）乙方通信地址：＿＿＿＿＿＿＿＿＿＿＿＿＿＿＿＿＿＿＿＿

收件人：＿＿＿＿＿＿＿＿＿＿＿联系电话：＿＿＿＿＿＿＿＿＿＿＿

邮政编码：＿＿＿＿＿＿＿＿＿传真：＿＿＿＿＿＿＿＿＿＿＿

电子邮箱：_____

17.2 本协议一式____份。本协议由中文、英文两种文字写成的，两种文字的协议具有同等法律效力。

签名

甲方：_____

法定代表人/授权代表人：_____

签署日期：_____

乙方：_____

法定代表人/授权代表人：_____

签署日期：_____

附　　件

惠益分享方案

1　货币惠益（当事人可以协商选择一项或者多项惠益）

□ 本协议生效后 30 个工作日内，乙方向甲方一次性支付____元人民币；

□ 本协议有效期内，乙方每年度向甲方支付年度销售额____%的年度授权费；

□ 本协议有效期内，乙方每年度向甲方支付年度净利润____%的绩效；

□ 其他：_____。

2　非货币惠益

（1）内容（可多选）

请"√"选	类型	具体内容
□	知识与研究合作	
□	培训与教育	
□	设施与设备	
□	专门服务	
□	其他	

（2）时间进度

（3）考核指标

附录三 《波恩准则》建议的材料转让协议基本内容

《关于获取遗传资源和公正公平分享通过其利用所产生惠益的波恩准则》建议的材料转让协议基本内容

材料转让协议可以包括关于以下基本内容的文字：

A. 介绍性条款

1. 序言，在其中提到《生物多样性公约》；

2. 生物遗传资源提供者和使用者的法律地位；

3. 生物遗传资源提供者，以及在适用情况下，使用者的任务规定或总目标。

B. 获取和惠益分享条款

1. 说明本材料转移协议所涉生物遗传资源，包括提供相关的信息；

2. 材料转移协议所允许的生物遗传资源用途以及产品或衍生物（例如科研、培育、商业化），同时兼顾其潜在用途；

3. 关于任何用途改变都需要新的事先知情同意和材料转移协议的声明；

4. 是否可以申请知识产权，如可以，则在何种情况下申请知识产权；

5. 惠益分享安排的条件，包括关于分享用金钱支付或非金钱支付的惠益的承诺；

6. 提供者不就所提供材料的特性和质量作出任何担保；

7. 是否可以把生物遗传资源和所附资料转让给第三方，如果可以，应规定何种条件；

8. 定义；

9. 尽量减少采集活动所造成环境影响的责任。

C. 法律条款

1. 遵守材料转移协议的义务；

2. 协议的有效期限；

3. 终止协议的通知；

4. 某些条款下的义务在协议终止后仍然有效；

5．协议中单个条款具有的可独立执行性质；

6．限制任何一方的赔偿责任的事件（例如不可抗力等）；

7．解决争端安排；

8．赋予或转让权利；

9．赋予、转让或排除以下权利：对通过材料转移协议所获得的生物遗传资源提出包括知识产权在内的财产权；

10．法律选择；

11．保密条款；

12．保障。